優渥叢書

優渥叢書

優渥叢書

為什麼**超級業務員**都想學

故事銷售

珍藏版

5大法則，讓你的商品99%都賣掉

川上徹也◎著　黃立萍◎譯

物を売るバカ　売れない時代の新しい商品の売り方

目錄
CONTENTS

第1章 賣商品時，你我最常犯的七個「銷售問題」 041

第2章

成功法則一：如何找出自己的故事？

目錄
CONTENTS

第3章

成功法則二：何謂打動人心的故事？

第4章

成功法則三：怎麼用故事成就魅力企業？

——故事銷售的三支利箭

目錄
CONTENTS

第6章

成功法則五：什麼是故事銷售的核心？

推薦序一

找出獨特的商品故事，感動客戶創造業績

悅思捷管理顧問有限公司總經理　柯振南

相信大家都有聽故事的經驗。記得在求學階段，常常很快就忘記老師講授的內容，但是老師說的故事卻深藏在記憶裡。生動的故事能夠觸動人們的心靈，現代人愛聽故事，因此愈來愈流行說故事。當進行產品的推廣行銷時，從個人到企業，都在追求感動人心的故事銷售，而這本書將告訴您，如何運用故事來銷售，以創造出業績。

本書作者提出許多值得省思的觀點。例如：「客戶滿意」只是最低限度的標準，為了讓商品、公司、店家得以永續經營，就必須拉高標準，在滿意的標準線之上感動顧客，才能使顧客留下印象。這讓我想起日本品管專家狩野紀昭，在二維產

品品質中提到的魅力品質，也就是能感動客戶的品質，創造出「意想不到的品質」的價值。

企業商家決一勝負的戰場並不是價格，而是價值。一般中小型企業利用價格或廣告競爭，絕非大型企業的對手。當你的產品不能夠展現相當的差異性和獨特性，就容易落入削價競爭，如此一來將經營得很辛苦。

因此，必須找出自己的價值、對產品的熱情、堅持不懈的動人故事，並致力於傳遞這些故事，創造屬於自己的獨特性，以打動消費者。在網路世界，故事的傳遞力量驚人，只要企業和商家的故事夠動人，就能透過口耳相傳廣為流通，商品自然會暢銷。

本書作者以案例的方式，提供一目了然的實例情境，如同說故事一般呈現在讀者面前。假使一項商品完全不提及產銷過程中發生的故事，僅僅寫上「原料是什麼，產地在哪裡」，很難有差異化，而且不會引起消費者共鳴，因此可以試著從許多的角度，思考商品有哪些故事。此外，而這些故事可以與社會公益連結，增加商品的附加價值。

本書帶給我的啟示是，每個產業、每家企業與每項商品，都有其發展的歷程及經營者的理念，若將這些元素結合起來，就能創造出特有的故事來銷售。書中有許多精闢的見解與案例，讀者可以好好咀嚼並加以運用。

推薦序二

不景氣的時代，用故事銷售來迎戰

卓群顧問有限公司首席顧問　陳其華

成熟競爭的消費市場中，產品已經很難靠功能與價格來大賣了。不景氣的整體經濟環境裡，不但多數行業的產品與產能過剩，對生產技術要求更快更好，越來越精明的消費者也更難搞定了。你有技術，別人的替代技術很快出現。你有好產品，問題是別人比你先搞定通路。對於行銷業務人員來說，這是一個充滿高度挑戰的時代。

「行銷」這件事，行銷企劃人員該懂，業務人員該懂，老闆與主管更要親自掌握業務的達成。市場行銷的績效，在不景氣的實戰中，比你想像中更難。至於在MBA中學到的「不銷而銷」，從貴公司的業績表現上，可以輕易地發現，多數是

「口號」。你真的應該跳脫4P的框架，思考如何激起客戶內心的感動與認同。

手機或筆電市場裡，你賣雙A品牌，我賣的是賈伯斯的激勵故事。你賣房子，我賣的是「家」的幸福情感。你賣咖啡，我賣的是職場與家庭之外，代表著悠閒、窗景、對話與自在的第三空間。記憶中深刻記得的電影、故事與演講，多數只有某個情境的關鍵字句與畫面。這帶來的情緒轉折，引發的感動與認同，就是故事的魅力價值。

很多人都會寫故事，但要寫到能令人感動，且深入心理深層就不容易了。故事是個情境，是個畫面，是個表現與傳達價值的手法。故事賣的是感覺、概念、想法、劇情、情感與同感。故事的價值是非常個人且主觀的。所有企管的核心，都是要從「人」出發。故事之所以吸引人，是因為夢想、認同、期待，以及還沒得到。故事在行銷上的最大價值，就是引發消費者的「渴望擁有」。

這本書提到的故事銷售觀念，在實戰行銷上非常管用。例如：「暢銷的兩大核心關鍵：商品有水準、故事不欺騙」、「先宣示存在，才有機會尋求認同」、「一般銷售員賣商品，神級銷售員賣自己」、「通用的銷售核心：人＋商品＝故事」等等。

不景氣的市場中，企業家的最大挑戰往往在於消費者的影響與購買。創造故事的地方，是情感引爆的地方，也是銷售決勝的地方。本書就是我樂於推薦給各位的「故事銷售」實戰好書！

作者序

仰賴一般銷售手法的時代，過去了！

我認為在這樣的年代，仍僅僅販售商品本身的都是「銷售商品的傻瓜」。不過，在此提及「傻瓜」，絕非懷著輕蔑的口吻，不如說是一種「尊敬」的情感表現——「儘管拚命去做，可惜方向有些走偏了」。

僅僅販售「商品」本身，就能讓它熱銷的時代，早已過去。再怎麼好的商品，若只是販售它本身，很難得出什麼好成績，所以常有明明這麼努力了，卻還是吃上悶虧的感覺。正因為這已經不是仰賴一般手法便能暢銷的年代，我們需要更嶄新的銷售技巧。若是你尚未察覺這一點，請一定要閱讀本書，試著挑戰這種新的銷售技巧。

去星巴克不只喝咖啡，而是享受放鬆的空間和時間

現今，大多數的店家，大致上可以分成兩種類別：僅販售商品的店家、銷售商品以外事物的店家。

你或許會想：「銷售商品以外事物的店家是什麼？是指銷售服務嗎？」但「服務」早已是扎扎實實的商品。

人們在購物時有兩種情況，一種是想要購買商品本身，另一種則是想要購買商品以外的某種事物。

比方說，在我居住城市的車站大樓內，有一家舉世聞名的咖啡連鎖店。我有時會在那裡喝咖啡，而有時明明打算走進店裡，卻在看了店內情況後，決定不進去，原因不在於沒有位置，畢竟店內的吧檯還有空位，而是沙發區已經坐滿了，於是我選擇到其他店家。

我之所以走進咖啡廳，通常是想在沙發區悠悠哉哉閱讀剛買的書。因此，若沙發區沒有位置，吧檯區又狹窄，我不會想在那家店裡喝咖啡。我在那家店買的不是

「咖啡」這個商品，而是輕鬆舒適的閱讀空間和時間。

舉例來說，城市裡的某家小型書店明明沒什麼特色，卻吸引許多人到訪。附近的大型書店，書籍商品齊全，對這家小書店來說是大大不利，因為很少書藉是小書店裡有庫存，大型書店卻沒有吧。而且，說到與車站的距離，大型書店是壓倒性地近，人們經過大書店後必須再走十分鐘，才能抵達小書店。

那家小書店之所以能聚集相當數量的顧客，是因為店內陳設著桌椅，讓顧客可以啜飲咖啡，或是進行各式各樣的社群活動，例如：一起開讀書會、學習英語等等。到這裡的顧客大多不是為了買書，而是尋求透過書籍和人產生聯繫。

所以，與其說這些店是銷售商品本身，不如說它們主要販售商品以外的某種事物。說得極端一些，它們都是銷售商品以外事物的店家。

這些店家的店內當然陳列著主要商品，並藉此獲利，比方說，咖啡連鎖店販售咖啡，小書店販售書籍。然而，顧客到訪的主要目的，不是為了那些主要商品。

若只是單純想喝杯咖啡，外頭就有自動販賣機，便利商店裡也有好喝的咖啡。若只是想買書，大型書店的商品不僅更為豐富齊全，且利用網路商店選購，還能宅配到府，確實更有效率。因為在大多數的情況下，顧客普遍追求效率，這也是不爭的事實。

然而，人們卻並非永遠都只是追求「效率」這兩個字，那可是會讓心靈乾涸。有時我們渴望被滋潤，因而追求一種缺乏效率的消費模式，也就是說，並非所有購物行為都是建立在「為了購買商品」之上。

仰賴一般銷售手法的公司，很容易陷入絕境

僅僅販售商品的店家能否生意鼎盛，取決於價格、地點和商品是否齊全等效率上的便捷程度。便利商店、速食店等大型連鎖企業，也都靠著這些因素獲取大量收益。過去，小型公司或商家即使僅僅販售商品，也能夠賺到錢。但是，這樣的時代已經結束。現在，若你愈是企圖「僅僅販售商品」，就愈容易往絕境走去。

因為是咖啡廳，所以賣咖啡。

因為是書店，所以賣書。
因為是酒商，所以賣酒。
因為是文具店，所以賣文具。
因為是花店，所以賣花。
因為是麵包店，所以賣麵包。
因為是牙科診所，所以賣齒科治療服務。
因為是加油站，所以賣汽油。
因為是不動產，所以賣房屋物件。
因為是印刷公司，所以賣印刷品。
因為是鐵路公司，所以賣交通運輸服務搭乘方案。

只要繼續懷著這樣的想法，小型公司和店家便看不見未來。究竟為什麼它們不能單單販售商品呢？

光靠教科書上的「4P行銷法」，勝算低

明明價格比超市更貴，卻在非實體販售通路上瘋狂熱銷的蔬菜。

明明味道並無特殊不同，卻讓人們無論如何都想嚐上一口的蘋果。

明明販售四處可見的事務用品，卻擁有驚人知名度的公司。

靠著和顧客一同栽植檸檬，就生意興隆的園藝用品店。

將店長、員工的個性作為行銷賣點，讓業績急速回升的超市。

明明販售相同的便當，銷量卻是其他人數倍之多的新幹線內銷售員。

如今，許多無法用教科書行銷理論思考的「暢銷」現象，在日本全國各地不斷出現。

究竟能讓商品暢銷的理由是什麼？教科書上提及的不外乎價格、品質、廣告和通路，這些的確都相當重要，也有其道理。然而，若是以此一決勝負，絕大多數小型公司和商店的生意，都無法持久經營。

砍低價格或許能產生一時之效，但後果卻是一併砍掉商品的價值。那些會被價格吸引的顧客，只要出現品質相當、價格更為低廉的商品，便會輕易隨之而去。

那麼，如果用品質來較量呢？當然，再也沒有比商品品質更重要的了。但是，許多公司並不會致力於消費者不需要的品質和服務，卻也是不爭的事實。小小地提升品質，對多數使用者而言根本無關痛癢。不得不說，要利用品質來創造價值上的差異，是相當艱難的任務。而利用廣告和通路來一決勝負。再怎麼說都所費不貲，也並非易事。

實際上，還是只有大企業或是擁有業界最頂級商品的公司，能藉由價格、品質、廣告和通路決勝負。

若你是那些公司的員工，手上也有多餘的預算，我就會建議你利用這些關鍵因素拚搏。但若並非如此，即使你運用這些行銷工具，也毫無勝算。

不靠傳統方法取勝的暢銷商品，擁有的是……

說到底，不利用價格、品質、廣告和通路壓制競爭者，就真的無法讓商品暢銷嗎？

答案並非如此。即使不利用前述手段致勝，還是有許多商品持續熱銷、有許多商家業績長紅，更有許多公司業績如日中天、持續成長。

它們的商品未必都走低價路線，甚至說「其實還有點貴」也不稀奇；要說它們是因為擁有精良品質而打敗對手，但又有許多案例並非如此；它們更絕非狂打廣告，或是善於經營銷售通路，才使得生意興隆。

那麼，這些商品究竟為何暢銷？

因為這個世界存在著價格、品質、廣告和通路以外的「被選擇要素」——也就是不販售商品本身，而是販售其他要素。

我將在本書詳細分析這個要素，並舉出大量實際案例，深入淺出地說明該如何做才能運用自如。

NOTE

序章

故事的任務，是拯救「可惜的商品」

那麼，前文賣了這麼多關子，能讓商品暢銷的關鍵要素究竟是什麼？用一句話總結，那就是**故事**。

或許你會想：「什麼啊，原來是故事！這個道理我在其他書裡早就讀過啦。」的確，有許多書都寫過「要販售商品，故事極為關鍵」這樣的論點。那麼，你能說明怎樣的故事才能撼動人心嗎？你知道該如何做，才能讓故事發揮真正的效用嗎？多數書籍都沒有為我們說明。

「故事」這個詞彙用起來實在很方便，我們經常能看見許多案例，連明確的定義都沒有，就將各種程度不一的短文拿來應用，還硬說它們是故事。更有些人會將故事誤認為是無中生有的創作，但即使勉強為敷衍含糊的商品創造故事，毫無深度的內容很快就會被看穿。

在行銷世界裡，故事並非無中生有的創作，而是一種發現。只要我們改變視角，即使目前為止都不曾看見過，也能發現故事。明明擁有明確的世界觀和論點，卻無法確實傳達給消費者的「可惜商品」，應該到處都有吧。讓那樣的商品散發光彩，便是故事的任務了。

案例》美國廣告巨擘霍普金斯如何用一句廣告詞，讓第五名的啤酒公司躍升業界第一？

二十世紀初，美國廣告巨擘克勞德．霍普金斯（Claude C. Hopkins）曾讓某家啤酒公司，從業界第五名一口氣躍升至第一。那個時代，他提出的商品訴求既非價格，也非啤酒口味，更不是酒精濃度。

當霍普金斯接獲市佔率第五的施麗茲啤酒（Schlitz Beer）禮聘，便要求參觀釀酒廠。當時無論是哪家啤酒公司，都爭相強調自家啤酒的「純粹」，然而這絲毫無法讓消費者留下任何印象。因此，他認為看過施麗茲啤酒的製造過程，或許能發現全新的訴求重點。

霍普金斯參觀啤酒工廠後萬分詫異，因為工廠裡滿滿都是他沒見過的事物，例如：在填裝啤酒前，酒瓶會以高溫蒸氣洗淨；為了不讓幫浦和管線混入雜質，一天必須清洗兩次；使用水井抽取天然水源等等。

霍普金斯回到辦公室後，興奮地對施麗茲啤酒負責人說：「為什麼不讓消費者知道這些事呢？」對方卻冷靜地回答：「因為其他公司也在做相同的事呀，不這麼做，無法製造出優質的啤酒。」

儘管其他公司也在做相同的事，卻沒有任何一家公司將這個事實傳達出來。霍普金斯思考著，若是能將如此費心的工序傳達給消費者，必然能讓他們感到驚訝。因此便以「純淨的啤酒」為概念原點，寫出「利用新鮮蒸氣洗淨過的啤酒」這句廣告文案，提案給啤酒公司。這份廣告提案，正是聚焦在「啤酒在填裝前，會先以高溫蒸氣洗淨酒瓶」這個故事上。

然而，看過提案的施麗茲啤酒經營團隊，卻抱持反對意見。他們說：「利用蒸氣洗淨酒瓶是每個公司都在做的事，即使對消費者這麼說，也不會有任何效果！」結果卻和他們的預想相反，刊登的報紙廣告獲得意外的廣大迴響，施麗茲啤酒公司的營業額，在短短數個月內便躍升為業界之冠。因為即使對業界而言是理所當然的小事，但對消費者而言，卻是初次聽聞的故事。瞭解啤酒的製造工序，並對商品產生信賴感的消費者，就此成為施麗茲啤酒的支持者。

從這個宣傳活動獲得巨大成功的霍普金斯，學到了以下原則：搶在其他同業之前，率先宣傳同業都知道、但因為司空見慣而沒提出的事實，就能讓商品保有獨佔性與永久存續的榮耀。之後，他將這個原則運用於其他行業的客戶，使他們一次又一次攀上業績高峰。

案例① 施麗茲啤酒

即使是業界常識，只要對消費者仍是祕密，就能成為故事的種子。

試著用故事，傳達自家商品原來就有的價值

施麗茲啤酒的這則傳奇，是一九二〇年代的故事。在現今已屆成熟的市場，人們不會輕易地成為某個產品的支持者。

只將焦點擺在商品上的故事，很快就會讓消費者感到厭倦，因此必須加上各式

各樣的要素（那些要素為何，只要閱讀本書便能瞭解）。

但是，能讓商品暢銷的根本概念，直到現在也依然適用，那就是：將商品原有的價值適切地化為故事、加以宣傳，人們就會對它感興趣。也就是說，若有能觸及消費者的情感要素，便能使他們抱有同感，進一步激起購買商品的慾望。購買後，若商品的表現高於期待，消費者便會轉為支持者，連同商品故事也會自動藉由口耳相傳而擴散。這麼一來，商品便能順利熱銷了。

將商品原有價值化為故事並加以宣傳，確實能夠獲得好評。然而，可惜有許多公司及商家，並沒有察覺到自家商品擁有怎樣的價值。或者即使察覺到了，也無法好好地傳遞給消費者。

跟大家賣一樣的商品，就沒有不同的故事嗎？錯！

現在我們都知道，要從商品的構成發現它的故事。但應該也有人認為，自家公司販售的商品隨處可見，很難用故事來銷售，不過這是大錯特錯。即使販售隨處可見的商品，故事銷售依然可行。

對於實際製作商品的製造商來說，故事銷售的確比較輕鬆，特別是針對一般消費者製造的商品，更是大大有利，因為自己製造商品，必然能發現其中蘊藏的某個故事。但是，現今即使沒有能加以宣傳的賣點，只要發掘原石並加以琢磨，故事也將隨之浮現。

零售業中，像餐飲店或製造販售點心等行業，比較容易進行故事銷售。因為除了連鎖店以外的各式店家，都在製造或販售各自的商品，其中當然蘊含著故事。

故事銷售的困難之處在於，製造商本來就是把不需要用特別技術製造的商品，販賣給企業的行業。無論是批發商或是代理商，經銷商品和服務原本就是基礎的事，因此更顯得困難。此外，零售業也是販售隨處可見商品的店家，對於家電行、藥妝店、酒商、加油站、花店、超市和便利商店等行業，運用故事銷售更是難上加難。

在這些行業中，無論怎麼做，確實很難與其他店家產生差異，於是容易落入削價競爭的窠臼，如此一來，大企業便佔盡便宜。此外，也有像是書店這類無法削價競爭的行業，若只是單純販售商品，消費者無論在哪裡購買都沒差，有能力壓低價格販售的大企業便自然處於優勢。

那麼，這樣的公司和商家無法進行故事銷售嗎？並沒有這回事。在這樣的情況下，只要找出商品以外的「故事種子」即可。比方說，經營者擁有的抱負、理念，都能夠化身為故事。

除此之外，還有許多事物也都能成為故事的種子：體驗、人與人之間的聯繫、社會公益、誠信耿直、珍惜員工、富有前瞻性、待客之道、經營者的成長、創業者的思維、業務人員的特質、銷售技巧、真心款待之情、額外附送的贈品、店面陳列方式、包裝、童心、社群、驚喜、祕密，以及超乎期待的服務等等。

挑選出這些故事的種子，加以醞釀、宣傳，並引起人們共鳴，便能展現和其他公司、商家截然不同的獨特性。即使自家販售的是隨處都買得到的商品，也適用於這個道理。假使你尚未找到故事的種子，也能夠從現在開始栽植、培育。本書將在第二章詳盡解說栽種培植的方式。

所有員工都知道自家公司的「品牌故事」嗎？

公司或商家傳遞故事時，往往會聚焦在所有的消費者、廠商和客戶上。客戶當然很重要，但獲得員工和家人的支持才是更大的關鍵，因為若沒有內部的支持，要有所成長、永續經營，將十分艱難。

為了獲得員工和家人的支持，公司或商家擁有的抱負、人生觀和世界觀，不僅要對外部傳遞，還必須確實宣達至內部，也就是說，公司或商家都應該展現自己的必行之路。此時，故事便能展現它的效用。

為什麼？因為透過故事的描寫，全體員工會擁有共同的記憶。這不只能使他們朝向目標努力工作，也能使這份記憶往外部傳遞，讓有所共鳴的顧客成為公司或商家的支持者。如此一來，銷售便能長久而持續。

這也是故事擁有的力量。至於該如何做才能確立、傳遞，並且和顧客一同持續述說故事呢？第三、四、五、六章將詳細說明箇中祕訣。

將事物化為故事，有時能傳達千年之久

在發明文字以前，人類有很長一段時間，都是將重要的事情化作故事，以此口耳相傳。當有了想傳承給子孫的訊息，明明利用條列符號記錄的方式便已足夠，我們卻訴說許許多多的故事，這其中是有些道理的。

故事能感動人心，人們一旦情感受到感染，就會認真地接受，並將它留存在記憶中，進而想要傳遞給其他人。此外，故事可以讓失敗經驗成為教訓流傳。因此，從遠古時代開始，將事物轉化為故事敘說的手法，才會不斷傳承至今。

人類三大發明雖然眾說紛紜，但我一直認為是語言、故事和文字。將事物轉化為故事並訴諸言語，並非萬靈丹，在傳遞「必行之路」這個概念時，有時運用簡短字句傳達理念、利用條列符號記錄事實，或是藉由邏輯性的話語溝通，不僅更容易傳達，也更具說服力。

用價格、品質、廣告、通路做差異太難又花錢，只有故事銷售才能……

我在獨立創業前，曾以廣告代理商員工的身分，參與許多大企業的廣告、促銷宣傳和市場行銷活動等。調職到公司的創意部門後，主要負責廣告或促銷影片等企劃事宜。另一方面，我從學生時代開始就對劇場和電影十分有興趣，出社會後更修習編寫劇本的課程，學習創作劇本。即使在廣告製作圈裡，學習劇本創作也相當有幫助。獨立創業之後，我不僅撰寫文案，也寫過舞台與戲劇這類娛樂作品的腳本，而且有製作綜藝節目的經驗。

某一次，大型文具製造商邀請我參與他們進軍遊戲市場的企劃，在該企劃成立時，我以故事監修兼主導人的身分加入他們的行列。那時候，我才意識到自己被當作負責人。

「能接下這種工作的人真的很少。像您這樣商業與娛樂雙棲的專家，實在難能可貴。」對方這麼說確實有其道理。但是，當時我不僅沒意識到這是自己的優勢，也未曾想過要以此毛遂自薦，只覺得自己是個做什麼都半調子的人。老實說，那時正是我感覺工作遇到瓶頸的時期。

但那份工作是一個契機，讓我認真地思考該如何將娛樂元素融入商業中。在商品、服務都已屆成熟的市場中，很難利用價格、品質、廣告和通路等要素來打出商品的差異性。在商品難以暢銷的時代，我發現藉由娛樂性的手法將它們販售出去，既合適又有效。

那時我才發覺，自己在廣告業界習得的「銷售技巧」和「製造話題的方式」，在劇本課程中學會的「感動人心的法則」，與擔任文案撰寫人時掌握到的「產出經典文案的技術」等工作都已然合而為一，且隨手可用。終於，我也找到了自己的故事。

從那時起，我開始研究「如何將故事擁有的力量融入商業行為」的相關法則。我發現了如同人類共通「感動穴道」的「抓住人心的故事原則」（請參閱第三章），並於二〇〇八年發表商業類處女作《為什麼會說故事的人，賺的比較多？》。包含「藉由故事，使商品和公司綻放光彩的三大關鍵」（請參閱第四章）、「與顧客產生深切牽絆的行銷技巧」（請參閱第五章）等方法，也會陸續在書中逐一說明。

如今，我透過企業諮詢和演講活動，推廣「將故事力量融入商業行為」的概念。這或許是自吹自擂，但關乎「故事銷售」、「利用故事吸引人」這類主題，我相信自己比誰都具有前瞻性。

本書是目前的概念集大成之作，我打算彙整至今數本著作中提及的故事理論和方法，呈現給各位讀者，敬請期待。

販售商品時，要利用價格、品質、廣告和通路創造差異，不僅十分困難，最重要的是相當耗費成本。

若本書能為你的銷售技巧帶來這樣的啟發：「無須花一毛錢，就能獲得智慧」、「不必賣出商品，就能銷售故事」，將是我至高無上的光榮。

第 1 章

賣商品時，你我最常犯的七個「銷售問題」

你總是被顧客「路過」，是因為從沒被記得過

正在閱讀本書的你，對「蕪菁」（或稱大頭菜、大頭芥）這種蔬菜有興趣嗎？或許對種植的農家有些失禮，但蕪菁在蔬菜裡實在是個老土的存在，應該很少人對它特別有興趣吧？即便如此，它也有個名為「HAKUREI」的品種，特徵是皮薄且外型袖珍小巧，主要被用在沙拉等生食料理。

怎麼樣？光是聽了這點資訊，你是否已經浮現了一些「想買」的情緒呢？

案例》大頭菜沒人買，取名「蜜桃蕪菁」卻狂賣百倍

有一家公司將「HAKUREI」取名為「蜜桃蕪菁」，並且大肆宣傳產品的相關

故事，使這款蕪菁成為超級熱銷商品。這家公司就是 Oisix，創立於二〇〇〇年，是一個主打生鮮食品販售的電子商務網站。當時的物流執行仍十分困難，該公司卻將未曾有任何企業踏足過的「蔬菜宅配」，納入旗下業務，帶頭開創先例。

這款蜜桃蕪菁出品至今僅僅數年，以「Oisix 最早推出的農產商品」身分為人所知。原本它只在千葉縣農家田中一仁的田地裡受到細心培植，後來被當時 Oisix 的新進採購員小堀夏佳發掘，才進一步成為商品。

那時候，正在參觀其他農產品生長狀況的小堀，發現蕪菁田裡有一顆顆果實從土壤冒出，排成整齊的列隊。那些蕪菁並非採用完全埋入土中的栽種方式，而是讓果實的一半左右突出地面。當時，對這種培育法完全沒有概念的小堀心想：「蕪菁像士兵一樣排著隊呢！」並深深被這可愛的畫面給迷住了。

「這很好吃喔！」田中直接從田裡拿了一顆蕪菁，洗去泥土後遞給小堀。她吃了一口，驚為天人！因為那顆蕪菁令人驚艷地甜美多汁，她不禁脫口而出：「簡直就像水蜜桃一樣！」

「這麼好吃的東西，為什麼您不多生產一些呢？」小堀問。對方回答：「因為這種蕪菁的色澤不美，也不容易栽種。」由於 HAKUREI 這個品種的蕪菁皮薄，用清水多次刷洗過後，就會從純白色轉為帶有一點黑漬的白色。

市場上大多會用「潔白、果實飽滿」這些條件評價蕪菁。因此外觀不美的蕪菁，無論有多甜、多好吃，在市場上的價格只會直直落。此外，太甜又容易招蟲咬，果實柔軟也禁不起風吹雨打，這些都是栽種不易的原因。

小堀直覺認為，這樣的蕪菁一定會受到消費者的支持，因此請田中為隔年多種植一些量。她認為「HAKUREI」無法給人直接的印象，便以「就像水蜜桃一般甜美多汁」這個理由，將它取名為「蜜桃蕪菁」。

翌年，小堀將蜜桃蕪菁得以出現在市場上的緣由，策劃為產品故事，連同農家經營人田中的相片，一併刊登在網站上。於是，「好想吃一次看看！」這樣的訂單如雪片般飛來。儘管和超市販售的蕪菁相較，價格貴上許多，但自此之後，蜜桃蕪菁便成為 Oisix 熱銷商品的經典代表。

日本多數的農產品，都是透過農協[1]流通販售。在這樣的情況下，生產者並沒有機會直接販售。在超市等販售通路上，也僅統一以「〇〇縣產」標示。

試想，如果這款蜜桃蕪菁透過農協，以一般作業程序流通販售，僅僅寫上「蕪菁（千葉縣產）」的字樣，就擺放在超市店鋪裡，價格也和其他蕪菁毫無差異，消費者不可能會熱烈支持，更遑論熱銷。

環顧現今日本的商品，絕大多數都如同這個假設，在不幸的狀況下販售。不只是農產品，沒能傳遞原有價值，而變成賣不出去的商品，可說是堆積如山。

過去，只要品質和價格適當且能滿足消費者，商品就能夠暢銷。但現在光是如此，也沒有辦法銷售產品。為什麼？

案例②　Oisix的蜜桃蕪菁

「好名字」加深印象，「好故事」引起消費者嚐鮮欲望。

❶全名為農業協同組合，暱稱為ＪＡ（Japan Agricultural Cooperatives），是日本農民的合作社組織，以提高農業生產力與農戶所得為使命，致力推動各地區農業發展。

銷售問題①「客戶滿意」不一定真，「十分感動」才能變成回頭客

有個行銷用語叫做「客戶滿意度」（Customer Satisfaction，簡稱CS），源於一九八〇年代的美國，過了一段時間便導入日本。從此以後，許多企業都以追求客戶滿意度為目標。你的公司或商店也一定以此為目標吧？

追求客戶滿意度本身絕對沒有錯。然而，在目前商品和服務都已然成為全球之冠的日本，客戶滿意不完全等同真正的滿意。

將時間往前推到十年前左右，當時在日本，「滿意度」是強大的武器。即使是現在，對於大型企業和連鎖店這種經營型態來說，客戶滿意度依然相當重要。某種程度來說，這與「回購率」有很大關聯。此外，在中國、印度、東南亞等國家和地區，至今為止，商品和服務滿意度方面仍有進步空間，所以現在客戶滿意度與回購率的關聯還是緊緊相依。

但是，對於日本的小型公司和連鎖店以外的商家來說，情況並非如此。顧客即

使感到滿足也不會回購，已是不爭的事實。

你試著站在顧客立場來思考，就會瞭解了。

以餐廳消費為例，你和某人初次到某間餐廳用餐，食物還算美味、價格也適中，整體而言令人滿意，但以後你會經常光顧那家餐廳嗎？

以旅遊為例，和家人一同下榻於某家溫泉旅館，所有人都感到滿意，也說「這裡真不錯呢」，但隔年你們會去同一家旅館嗎？

此外，你利用比價網站購買當時最便宜的電器產品，商品也在預定的日期送達，你對此感到滿意，但你還會到那家商店購物嗎？

其實你未必會成為回頭客，不是嗎？

銷售問題②這年頭，商品很難差異化，九九%的顧客會忘記你

你不會成為回頭客，是因為沒有留下深刻的印象，說得簡單一些，就是你忘記了。

將立場翻轉過來，讓自己回到商家的立場吧。要是自己的店如此輕易地「被忘記了」，難道你不感到震撼嗎？因為商家總是想著自己店家的事，壓根沒想過顧客竟會遺忘自己，但若是自己站在顧客的立場，常常輕易地忘記店家的事。

由於連鎖店到處都有，因此即使忘記了也能馬上想起來。若是自己平常就經常造訪的店家，便會因為熟悉而感到安心；造訪時，也不會有太多的期待。因此，連鎖店即使只達到滿足的標準，也依然有顧客會回購。

知名大企業亦是如此，對顧客來說，只要是有所耳聞的品牌，就能感到安心。因此顧客一旦覺得滿意，就有很高的機率回購。

然而，小型公司和商家就不是如此了。光是讓顧客滿意，並不代表他們真正感到滿意，因為在現今的日本市場，幾乎所有產業都趨近成熟，顧客理所當然會對商品和服務感到滿意，但只有滿意，並不會在心中留下印象，於是他們遺忘了你，也不可能回購。

儘管如此，我也不是要你輕忽客戶滿意度。畢竟能讓客戶感到滿意，只是最低限度的標準。如果拉麵店賣的拉麵令人難以下嚥，就太不像話了；在溫泉旅館留宿，若服務或料理令人不敢恭維，你也不會再去吧。

僅僅只有滿足完全不夠，為了讓你的商品、公司、店家得以永續經營，必須拉高標準，在滿意的標準線之上感動顧客，才能讓顧客留下印象。

銷售問題③隨意降價有風險，嚴重時會搞到產品價值都消失

要在顧客心中留下印象，就賣得便宜一點嗎？價格是刺激顧客買氣的重要因素，人們面對相同的商品，往往會選擇比較便宜的。砍低價格確實能獲得短暫效果，特別是對於大企業或連鎖店，削價競爭是相當有效的手段。

然而，若你的公司並非大企業或連鎖店，這樣的行為只是找死罷了。說到底，即使砍低價格能造成一時的暢銷，那只是因為顧客被低價吸引過來。如果競爭對手賣得比你更便宜，顧客就會到對手那裡，你要與其對抗，必須再度降價才行。結果不言可喻，只有本錢雄厚的大型公司才能獲得最後勝利。

此外，價格一旦下降，商品和服務的價值將隨之低落。

二〇〇八年，美國加州理工學院和史丹佛商學研究所的研究人員，共同執行一項實驗，結果發現「價格愈低廉，腦內幸福指數愈低落」❷。

首先，研究人員招募「喜歡並常喝葡萄酒的學生」擔任實驗對象，讓他們喝下數款紅酒，並且告知每款酒的價格，同時監測其腦部各區塊的活動情況。

實際上，研究人員只準備五美元、三十五美元和九十美元這三種葡萄酒，卻將五美元和九十美元的酒款，分別報出真實和虛構兩種價格，讓實驗對象誤以為總共有五種不同價格的葡萄酒，再讓他們進行試飲。

後來，實驗對象不僅回答：「五種酒款味道都不相同」，更表示：「標價較貴的酒款較好喝」，與實際喝下的種類完全無關。此外，腦部活動情況的監測結果也顯示，實驗對象喝下被告知較昂貴的酒款時，得到較高的幸福感受，這也與實際飲用的酒款毫無關聯。

透過這個研究，我們可以瞭解，即使是價值九十美元的葡萄酒，若以十美元的價格標售，價值只會有十美元一般低廉，而五美元的葡萄酒若是以四十五美元的價格標售，就會具有相當的價值。

該實驗團隊的其中一位研究者，同時也是史丹佛大學商學研究所的巴巴・希夫（Baba Shiv）教授，提出了以下主張：要提升營業額，就不能砍低價格。消費者在購入賤賣的商品時，或許會產生愉悅的情緒，但在使用該商品時，可能會受到「這是廉價商品」的意識影響，無法感到太多喜悅。

打個比方，飯店房價就是個很好的例子。住宿費降價確實能夠短暫增加來客數，但該飯店的品牌印象確實也會隨之下滑。顧客不僅難以感到「能住在這個飯店真開心」，更可能造成該飯店評價低落的風險。

特別是小型公司或商家，應該決一勝負的戰場並不是價格，而是價值。在其他人不曾費心的事物上竭力盡能，價值便應運而生。只要顧客能發現你公司、店家或商品的價值，就會掏出相對應的金錢回饋給你。要讓那樣的價值產生，你就必須呈現和其價值相互呼應的故事。

---

❷「Marketing actions can modulate neural representations of experienced pleasantness」Hilke Plassmann, John O'doherty, Baba Shiv, and Antonio Rangel（Proceedings of the National Academy of Sciences of the United States of America 2008）

銷售問題④別以為「嚴選」這標語有效，當每家店都這樣寫……

這麼說來，用商品的品質來決戰嗎？以現今日本販售的商品和服務來看，完全不到某種程度的應該相當少見。無論哪個品牌或商店，品質都不差。

比方說，要找到一家真正令人難以下嚥的餐飲店，反而比較困難。麵包和蛋糕這類食物，無論在哪裡都買得到大致美味的。文具和電器這類用品，我想找到品質不良的也很難。幾乎大部份的商品都擁有高品質，價格也算是合理。現今無論是哪一種商品或服務，多少都有所講究，想找到完全不講究的，反而是一件苦差事。

在商品大海中，要提供擊敗敵手的特別商品，或是非得體驗不可的服務實在是太難了。強調或多或少都會有的講究，無法抓住顧客的心。

舉例來說，我們經常在餐飲店和旅館的網站或手冊上，看見「嚴選素材」、「講究製法」、「舒適空間」、「極致料理」和「真心款待」等用語。

對撰寫這類文案的人來說，或許是以極大的差別作為重點訴求，但從消費者的角度來看，幾乎無法在他們心中留下任何東西。說得嚴厲一些，其實這根本就是有說跟沒說一樣的「空氣文案」。

現今，像這樣使用既老套又抽象形容詞的行銷文案，無法打動人心。要是不使用更具體、猶如親臨現場的故事，來表現那份講究，便無法讓顧客產生「想要去看看」的心情。

我們可以這麼說，要是你無法寫出那樣的故事，那麼對顧客而言，你對商品的那份講究，可能絲毫沒有意義。

想引起顧客注意，先讓他對你的故事感興趣

稍微想像一下：你到某個城市出差，因為有些嘴饞，想吃碗拉麵，但你完全不熟悉當地的地理環境，也不知道哪裡有好吃的店。當然你可以用手機上網搜尋，找找美食部落格的評價，不過沒有那麼多時間。

這時，你發現在同一條路上有兩家拉麵店各據一方。這兩家店假設為A店和B店，外觀十分相似，也看不出哪一家生意比較好。

A店寫著：「嚴選素材，講究製法」這樣的文案。

B店寫著：「為了讓您覺得『拉麵就該是這樣！』我們研究、評比過全國上千家拉麵店，使出渾身解數，才做出了這一碗！」還放了一張超大的店長相片。

好了，你要選擇哪一家店呢？

案例》拉麵店廚師、湯頭……，都蘊藏著故事的元素

應該多數人都會選擇B店吧？因為你感受到B店蘊藏的故事。

透過拉麵店這個案例，我們一同來瞧瞧，該如何發現和商品緊緊相扣的故事。

無論是拉麵本身或是它以外，都有許多值得一談的故事璞玉。

首先，拉麵本身有以下幾項要素：

- 麵：粗細、彈性、麵粉種類、鹼水。
- 湯：湯頭原料、熬煮時間、神祕醬汁。
- 叉燒：豬隻品種、部位、作法、軟嫩度。
- 食材：使用材料、產地、製法。
- 調理方式：煮麵方式、時間。
- 其他：配料、小菜及調味料等。

接下來，在拉麵之外還有以下要素：

- 店面：地點、外觀、裝潢、餐具、筷子等。
- 老闆或店長：對拉麵的熱情、人生觀、相遇故事、成長背景、興趣。

我們得將這些要素，也就是故事璞玉全數找出、組合並加以琢磨，使其成為故事後，再進行宣傳。

- 原創拉麵的開發故事。
- 熱切敘述講究素材、製法的故事。
- 「為何想要開拉麵店？」的表白故事。
- 「兒時和拉麵初遇」的回憶故事。
- 「只有這個絕對不能讓步！」強調頑固個性的故事。
- 「為何會承接代代相傳至今的傳統？」的故事。

- 「究竟引進什麼樣先進的技術？」的故事。

此外，你或許還能從許多的角度思考。宣傳管道可以透過網路和店鋪，網路包含網站、部落格、臉書和推特等管道，店鋪則可以考慮使用海報、傳單和小冊子等物品。

還有一點，就是絕對不能撒謊，發表憑空虛構的故事。最低限度的基本條件是情節必須真實，在商業界存在的故事並不是勉強捏造出來、假惺惺的東西。這個商品明明擁有真正的實力，卻會因為你無法好好發揮而遭到埋沒。充分發掘商品原有的潛力，便是故事肩負的任務。

銷售問題⑤故事不是公司簡介，要傳達你對產品的熱情與堅持

讓我們看看以下這個公司案例，是如何利用宣傳故事的手法，獲得許多人的共鳴。

位於大阪的小型納豆製造商「小金屋食品」，便是透過販售「對商品的堅持」這樣的故事，受到許多人支持，也被多家媒體爭相報導。那個故事講述的是：創辦人（現任社長的父親）對納豆的思念。

大戰結束後沒過多久，社長的父親離開山形縣，前往大阪當學徒。他從零開始學習納豆的製作方式，後來獨自創業，並和妻子共同經營一家小工廠，持續製作能符合「不喜歡納豆的大阪人」的口味。然而在漸漸獲得當地人支持之際，工廠卻因為一場大火而付之一炬，讓兩人跌落人生谷底。但他們並沒有向命運低頭，一年內便重新建造新廠房，繼續將熱情灌注在製作納豆當中。

阪神大地震❸發生後，雖然免於受災的店鋪還能向他們的工廠訂貨，但由於前往神戶方向的物流公司停業，無法遞送商品。創辦人心想：「期待吃到我們家納豆的客人們還在等著呢！」便不顧家人反對，自己駕駛低溫冷藏車送貨，來回一共耗費十九個小時。後來，他因為罹患癌症將不久於人世，最後的遺言卻是：「那個……我還想再做納豆啊……」絲毫沒有想過自己的生命已然走到盡頭，心中掛念的還是繼續做納豆。

創辦人的女兒，同時也是現任社長的吉田惠美子，其實原本完全沒有接下事業的打算。但她不願斷絕父親對納豆的那份深深思念，才下定決心要繼承家業。然而在經營方面，她是一個完完全全的新手，導致工廠的生意一落千丈。

面臨這樣的窘境，吉田惠美子試著尋找自家公司中的獨有價值。由於即使利用價格和廣告競爭，也絕非大型企業的對手，於是她找出關鍵字「手工製作」。她放棄了一直在使用的機械，堅持以全手工技術製作納豆。

單單只有手工製作無法受到矚目。於是，她請人重新將父親（創辦人）對納豆的熱情撰寫成故事，致力傳遞這則故事。她更新公司網站，比起強調「講究納豆的原料與製法」，更將宣傳重心放在父親的故事上。此外，她遵循古法，重現父親故鄉山形縣的古早味納豆，不加入納豆菌，而是以稻草直接捆綁製成，還進一步將這樣的納豆商品化。

結果，小金屋食品的知名度逐漸攀升，許多人吃了之後覺得美味，便成了回頭

❸ 一九九五年發生於日本關西地區的大地震，因受災範圍以兵庫縣的神戶市與淡路島，以及神戶至大阪間的都市為主而得名。

客。現在不僅在百貨公司活動中具有超高人氣，也被媒體報導為「堪稱大阪代表的納豆公司」。

這個案例告訴我們，重要的是把對產品的堅持化為故事宣傳出去。如此一來，消費者不僅想要嘗試，也會想分享給其他人。

案例③ 小金屋食品的納豆

透過故事傳遞對商品的堅持與精神，才會讓人願意嘗試並分享出去。

銷售問題⑥別捏造故事，否則……

透過故事銷售，人們會想要購買商品，滿意度也將隨之提高。若是食品，就會覺得「真好吃」。大阪納豆也是如此，一旦知曉創辦人和女兒的故事，在吃下納豆的那一瞬間，想必會覺得更加美味。

前面提到的物流公司 Oisix 的社長高島宏平，也曾這麼說過：「將『食物』和『食物背後的故事』組合在一起享用，會比單純吃下食物更讓人覺得美味。」

究竟在銷售中使用的故事，是怎樣的概念呢？以下是我的定義：**對顧客、員工和合作廠商等對象所訴說的小故事和理念，不僅情節真實（並非捏造杜撰），且和個人、公司、店家、商品等因素緊緊相連。**

「情節真實」這個部分，尤其重要。也就是說，它和小說、電影和連續劇等娛樂性質的故事截然不同。哪裡不同呢？最大的相異點，就在於「目的」。

若是娛樂性質的內容，故事本身的主要目的是取悅大眾；相對地，銷售時使用的故事，從根本來說是一種手段。讓閱聽人有所共鳴，進而想要購買商品或體驗服務，這才是真正的目的。

因此，銷售使用的故事不需像單純的娛樂性故事那樣冗長、複雜或具有文學價值。應該留意的是，盡可能讓它成為一個簡短扼要又容易理解的故事。

銷售問題⑦還在拚價格、砸廣告嗎？相信我，人類很迷戀故事

為什麼利用故事來宣傳會有效果？追根究柢來說，人類是一種非常迷戀故事的動物。

箇中道理並不是學術性、清楚可見的答案。不過，很明確的是，在文字發明以前，人類已經長時間將故事口耳相傳，而且全世界每一支民族，都擁有屬於自己的神話和傳說，並代代相傳。

那些神話及傳說有個令人吃驚的共同點——儘管氣候、地形、食物、文化或種族完全不同，訴說的故事卻大同小異。此外，雖然現今世界上仍有許多民族不使用文字，但是每一支民族都曉得自己祖先傳遞的故事。

若有什麼事想要傳達給子孫，利用條列符號記錄應該就足夠，但祖先將其化為故事來傳遞，必然有緣由。我們的祖先很早就明白，想對他人傳達某種概念時，最好的辦法就是利用故事。

現代亦是如此。走進書店，就會看見販售中的大量小說和漫畫；打開電視，總是播放著連續劇；電影院也四處林立。全世界所創作的作品總量，想必相當驚人。

此外，部落格、電子郵件雜誌、臉書或推特等媒介，讓我們身處在比過去更容易傳遞訊息的時代，利用故事來銷售已然成為趨勢。

今後，日本將進一步邁入超高齡化的社會。接下來將步入銀髮階層的族群，都是經歷過泡沫經濟時代而眼光甚高的世代。即使商品價格稍高，他們追求的依然是具有故事性的商品。

因此在銷售之際，故事將成為愈發重要的關鍵字。在此，就讓我整理故事銷售能帶來的優勢。大致上可以分為以下七點，請依序往下看。

記得！請善用故事的七大優勢

①讓消費者感興趣

用故事來銷售的第一項優勢，就是引起接收訊息方的興趣。

應該有不少人小時候因為看了歷史漫畫、小說或長篇歷史電視劇，而開始覺得「歷史真有趣」吧？運用故事的架構，能提高讓消費者抱持興趣：「那就來看看這個故事」的機率。

②讓消費者投入情感

好的故事能夠打動人心，讓人對主角投入感情，最後成為支持者。

小說、電影這類虛構作品，若無法讓觀眾對主角投入感情，便無法成立。為了達到目的，其中暗藏著許多謹慎而周延的訣竅。用來銷售的故事，即使內容不那麼誇張也無妨，就算只是一則小插曲，也能充分使消費者投入情感。

你也一定有過這樣的經驗：看電視時無意間發現，某節目正播放從來沒聽過的運動選手或藝人的軼事或紀錄短片，看著看著，漸漸地投入感情，對他們感興趣，於是開始支持。

當然，這和公司、商家或商品都有異曲同工之妙。人類就是這樣的動物。即使原本對某人、某公司或某商品完全不感興趣，一旦知道存在背後的故事，便會被打動、投入感情，於是成為他們的粉絲，想要支持他們。

③留存在記憶中

利用故事做宣傳，能達到容易留存在記憶中的效果。這當中有許多原因。

其一是「前後文效果」。因為比起單一的點，人類的大腦更善於牢記一連串的資訊。

另一個原因是「情感和記憶的連結」。人類大腦有種機制，在情緒受到強烈感染時，無論到何時都難以忘懷。你應該不記得一週前的午飯內容吧？但若是情緒受到強烈感染，例如：感到喜悅、發怒、哀傷及歡樂時發生的事，即使過了數十年，依然會牢牢地留在你的心裡。

縱然不是激昂的情緒波動，只要是關乎自己有興趣的事物，人類依然能夠深刻地保存記憶。明明學生時代上過什麼課都忘光了，但至今還記得老師說過的小故事，就是最典型的例子。

④成為獨一無二的存在

在現今這個時代，要用三言兩語表現出公司或商品的獨特性，可說是相當困難。因為從消費者的立場來看，只能看見大同小異的特徵。

但利用故事宣傳，就很容易能和其他公司或商品產生差異，創造屬於自己的獨特性。因為一旦故事形成，其中的登場人物截然不同，便不會落入千篇一律的窠臼當中。只要運用故事巧妙傳遞，就能成為獨一無二的存在。

⑤講述失敗的故事，更能獲得共鳴

講述失敗的經驗，也是故事的特徵。

舉例來說，若你上網調查想要合作的公司，卻發現其歷史沿革中有失敗的經歷，你會怎麼想呢？一般都會認為：「跟這家公司往來沒問題嗎？」所以大多數的公司沿革，會把重點放在成功經驗上。

然而，若是將失敗或挫折當成故事描述，反而更能得到讀者的共鳴。日本有些紀錄片類型的節目，介紹許多知名成功人士回顧前半生的事蹟。諸如「情熱大陸

[4]」、「Professional——專業人士的作風[5]」等，共通點都是強調失敗、挫折或缺點。

我們甚至可以這麼說：沒有陰暗面或挫敗、人生一帆風順的人，反而沒有資格上這類節目。有了失敗、挫折和缺點，才能讓觀眾感受到人性，也會吸引更多人成為他們的粉絲。

他們的故事能打動人心，並非因為他們本身是知名人士。舉例來說，假設你有部屬，與其對他們說你的成功案例，不如積極地描述自己的失敗經驗，這不僅能產生教育意義，還能加深你們之間的關係。

企業與商品都是同樣的道理。前文提及的企業沿革，若能利用故事形式呈現，那些失敗經驗或許更能有加分的效果。當然，「度過難關後才走到現在」的故事相當關鍵。能夠講述失敗，也是故事的一大優勢。

---

[4] 日本的人物深度紀錄片節目，由TBS系列電視台製作，內容主要是採訪並介紹各界專業人士。

[5] 或譯「Professional——專家的作風」，為人物深度紀錄片節目，由NHK電視台製作，內容介紹日本各領域第一線的專業人士及其工作。

⑥和閱聽人共有相同印象

有了動人的故事，便能和公司內外的人一同描繪對未來的期許與光景。有了共同印象，就會想要參與其中。

無論對公司內部或外界，經營者或領導人請務必好好講述充滿魅力的「未來故事」。當然，若沒有吸引人的情節，就沒有人願意跟隨。儘管信口開河並不可行，但也不可降低志向目標。一則動人的故事能讓許多人共有相同的印象，進一步誘發他們採取行動。

⑦讓人想要口耳相傳

人類有種特質，就是一旦碰到讓自己心動的故事，便會「好想把這件事告訴別人！」當你看了趣味橫生、感人肺腑的小說或電影，想必也想分享給其他人吧。公司、商家和商品也一樣，只要有了動人心弦的故事，人們就會想要將其傳遞給其他人——這就是口耳相傳。

從以前開始，口耳相傳就具有推動商品販售的強大力量，邁入網路時代之後，它的力量便愈加驚人，速度更是過去所無法匹敵。只要企業和商家宣傳的故事能廣為流傳，商品就自然暢銷了。像這樣用故事來銷售，就是有這麼多好處。

小心！故事並非萬能，得注意三個弱點

到目前為止，我們已經看了許多故事銷售的優勢，這樣的手法也絕非無所不能。接下來，我舉幾個例子，說明在商業界運用故事銷售可能帶來的劣勢。

①某些情況下，訴諸理性效果更好

故事銷售是一種以牽動情緒為訴求的手法，但並非所有人類消費行為都是情緒化的，理性消費反而更常發生。簡言之，我們仍會以價格和便利性作為選擇商品的考量。有時因應販售商品或商家地點的不同，針對人們理性思考而設計的銷售手法，反而更能帶來優異的效果。

②有些人可能不吃「故事銷售」這一套

儘管消費者常會因為故事而對商品產生興趣，但有許多情況剛好相反。許多人確實會抗拒這樣的銷售方式，所以重點在於，要能分辨對方屬於哪一種消費者。

③可能會造成反效果

若商品最關鍵的品質並不如故事強調的那麼好，便有造成反效果的危險。此外，若宣傳的故事是虛構的，更會帶來致命傷害。雖然故事銷售具備以上缺點，但它依然好處多多，請務必充分善用這個手法。

【名師觀點】蘋果公司創始人賈伯斯

蘋果公司創始人賈伯斯說：「全世界最有影響力的人是說故事的人。說故事的人塑造了整個世代看事物的角度、價值觀，以及決定何為值得重視的議題。」二〇〇五年他於史丹佛大學的畢業演講上，完全印證這段話。他談的不是自己的成功，也不是人生大道理，而是三則故事：「串連人生點滴」、「愛與失去」以及「死亡」。這場短短十五分鐘的演講，引起熱烈迴響，影片也在 Youtube 上至少被點閱了千萬次，一句簡短有力的「Stay Hungry, Stay Foolish.」（求知若渴，虛懷若愚），人們到現在依然琅琅上口。

（※編輯部補充）

第 2 章

成功法則一：如何找出自己的故事？

——挖掘故事的種子

隨處可見的商品，真的沒有故事？先想想六件事

提到故事銷售，一定會有人這麼說：

「我們家賣的商品到處都買得到，沒有什麼值得一提的故事……」

「我們公司都是製作提供給法人單位的產品，不會有什麼故事啦。」

的確，有太多商品或服務，無論在哪裡消費都極為類似。

若要說得更明確一些，諸如藥妝店、便利商店、文具店、書店、家電量販店、加油站、酒商、計程車業、花店和乾洗店等行業都是如此。因應各種行業不同的採購模式和販售技巧，有許多產業能夠展現相當的差異性和獨特性，但難以做到的行

業就容易落得只能削價競爭。

此外，還有像是書店、計程車業等，無法擅自變更價格的行業；像加油站、便利商店和文具店等行業，同業間也是幾乎看不出彼此差異。

要是粗略地分類，保險、不動產和搬家等服務，也屬於無論在哪裡買都差不多一樣的類型；建築或裝潢等的品質優劣，對消費者來說也難以分辨。

工業製品販售、代理業、批發業及物流配送業這類屬於法人單位的生意，由於提供的服務和其他公司並無二致，也經常落入削價競爭的窘境。

對於這些產業而言，故事銷售想必難如登天吧？但事實上絕對沒有這回事。的確，上述行業與自製商品的廠商、餐飲店或食物販售業相比，商品本身值得一提的重點確實不多。若你面對的正是這些類型的行業，請將目標放在培育商品以外的「故事種子」！

什麼是商品以外的故事種子？以下舉出幾個例子：

- 抱負、處世之道、理念和願景等與事業相關的思想和看法。
- 體驗、關係和溝通等能透過公司、商家和商品獲取的無形概念。
- 創業者思維、經營者背景等領導階級人物的相關話題。
- 待客之道、店頭陳列、商品文案和店員性格等店鋪相關事宜。
- 社會公益、地區貢獻和珍惜員工等對社會有所助益的事物。
- 驚喜、超乎期待和娛樂性等能打動人心的服務。

諸如此類，即使你販售的商品和其他商家差異不大，也能夠從各種不同面向創造屬於自己的故事。

案例》明明都是豆芽菜，為什麼就想買「雪國舞茸」的？

你喜歡豆芽菜嗎？對它有特殊偏好嗎？儘管許多人喜歡豆芽菜，但非常講究、有特殊偏好的人，或許少之又少，我們總先入為主地認為它很廉價。

豆芽菜是豆類種子萌發的新芽，一般不在農地生產，而是在工廠進行培植。儘管幾乎都在國內栽種，但大部份的綠豆種子卻都是從國外進口，其中高達九〇％都是來自中國。然而，近幾年該國生產的綠豆價格暴漲，國內廠商都陷入了困境，無論怎麼賣都賺不了錢。

於是，部分製造商便在孟加拉生產綠豆，再進口回日本栽培成豆芽菜後販售。這樣的做法比從中國進口便宜，既能抑制成本，也能穩定供應量。

不過，光是這樣的資訊，會讓你產生想買這家豆芽菜的念頭嗎？很少人會因為豆芽菜的產地，從中國換成孟加拉後，就湧現購買慾望吧？

但有某家公司，選擇將這種由孟加拉綠豆培植而成的豆芽菜，取名為「豆芽菜之絆」，再將故事一同積極推出。它就是總部位於新潟縣南魚沼市的「雪國舞茸」公司。

該公司正如其名，是一家以舞茸（又名舞菇）為主要商品的菇類生產販售企業。一九八三年，許多人都認為不可能以人工培植舞茸，雪國舞茸卻將其成功量產，甚至急速成長。之後也致力生產與銷售，並推出「雪國豆芽菜」這項商品。

不過如同前述原因，雪國舞茸對於綠豆價格暴漲相當頭痛，如果只仰賴中國的生產量，就無法維持穩定的供給量。因此，他們策劃要從其他國家進口綠豆，最後選中孟加拉。

放上「善良、公益」這個附加價值，消費者更願意買單

當時，雪國舞茸負責人不願意只將行銷策略定調在「當地生產，便宜進口」，而是希望能另外加上「社會企業❻」的面向，呈現出產品的概念：緩解當地貧苦、改善生活困境。

孟加拉有超過半數國民都從事農業，尤其在鄉下更有許多貧困的農家。因此雪國舞茸的負責人期望，透過提供栽培綠豆的技術和知識，確保他們獲得穩定現金收入，並緩解貧苦的經濟狀況，進而改善生活。

透過此策略，雪國舞茸不只佔有優勢，得以取得比市場價格更為低廉的綠豆種

子，還能更進一步提升企業形象等附加價值——一個以「創造雙贏」為目標的策略就此成型。

雪國舞茸還將這份企劃帶到了孟加拉鄉村銀行（Grameen Bank）。它是一個發起「小額貸款」（Microfinance，以貧困者為對象的小額融資），並使之普及化的金融機構，創立人穆罕默德．尤納斯（Muhammad Yunus）與該機構一同獲得二〇〇六年的諾貝爾和平獎。在雙方面談後，雪國舞茸獲得了尤納斯的支持：「請你們務必執行這個計畫！」事業就此一飛沖天，不僅設立「孟加拉鄉村銀行與雪國舞茸合資公司」，更讓孟加拉的綠豆栽培事業往前邁進了一大步。

然而，計畫實行起來卻困難重重。儘管開了說明會，但起初關注的人並不多，參與其中的當地農民也是半信半疑。此外，在孟加拉並沒有吃豆芽菜的習慣，一般都是將綠豆磨碎後加入咖哩當中，所以市場上販售的綠豆也都是磨碎的狀態。可以想見，當地人對於綠豆，並沒有「可作為豆芽菜原料的品質」概念，當時農家們很

❻ 廣義而言是指「利用商業模式解決某一社會或環境問題的組織」，不僅僅為了謀取利潤而運作，而是期待透過公益事業，為弱勢族群創造就業機會、促進環境保護，進一步落實社會責任。

難理解，為什麼非得種植品質優良的綠豆不可？

雪國舞茸的負責人與孟加拉籍員工，在各地農村和農家辦了多次聚會，不僅說明了公司所追求的綠豆品質，更指導所需要的技術。同時，他們重複強調，這份事業能讓栽培高品質綠豆的農家收入提高。

就這樣，農民們栽種、收穫的綠豆出口到了日本。當他們發現收入真的會增加後，吸引更多人趨之若鶩，前來參與計畫。直到二〇一二年，該計畫已有八千人以上加入，綠豆產量更超過了一千五百公噸。

此外，雪國舞茸並不將這項商品當作一般的豆芽菜，而是為它注入了附加價值（也就是故事）來販售。它的包裝概念是「豆芽菜之絆」——「以一道彩虹之橋，緊緊牽繫孟加拉與日本」，同時也放上了穆罕默德．尤納斯的相片。而且實際上，當某個電視節目報導了這項商品和故事時，連女性節目主持人都忍不住叫喊：「好想買喔！」

假使這項商品完全不提及產銷過程，僅僅寫上：「原料：綠豆（孟加拉產）」的字樣會如何呢？其實這款豆芽菜本身的品質和味道，和中國產的綠豆種出來的豆芽菜並無太大差異，多數人並不會因為它原產於孟加拉而興起購買的慾望。

在超市等商場通路，豆芽菜原本就是特惠活動的主打商品，利潤相當薄弱。在這種大環境下，雪國舞茸販售的「社會公益」故事，成為了商品的附加價值。

案例④ 雪國舞茸的豆芽菜之絆

再怎麼平凡的東西，只要有良善出發點，便能成為商品的附加價值。

案例》美國運通推行「消費就捐一美元」，讓業績成長二八%

以結合社會公益與社會道德及義務的故事來銷售的手法，以前就有了。據說，信用卡公司「美國運通」（American Express）於一九八三年實施的「自由女神像重建計劃」，就開創了先河。

消費者只要每刷一次美國運通信用卡，公司就撥款一美元捐助「自由女神重建基金」（The Statue of Liberty Restoration Fund）。結果，持卡人的消費金額比前一年度增加了二八%，新辦卡人也增加了四五%；在三個月內，該重建計畫還創造了高達一百七十萬美元的鉅額捐款。

整個計畫不僅提升公司的營業額與品牌形象，也完成了龐大金額的捐款，帶來滿滿的益處。這樣的行銷手法稱為「善因行銷」（Cause-Related Marketing，或稱公益行銷），簡單來說，就是指取一部份收益作為捐款，用以解決社會問題的行銷活動。

日本天然礦泉水品牌「富維克」（Volvic）自二〇〇七年開始執行「1L For 10L」計畫（喝一公升的水，就能提供十公升的乾淨用水給非洲居民），受到許多人的關注和支持。消費者只要購買富維克礦泉水，就能捐款給馬利共和國（Republic of Mali）作為鑽鑿水井的經費。水這項商品，無論哪個品牌都沒有太大差異，而這個案例同樣結合了公益的價值，創造了一個精彩的故事。

案例⑤ 美國運通信用卡的你刷卡我捐錢活動

善因行銷的手法，讓消費者在刷卡時，不僅可以滿足自身所需，還能因此對社會作出貢獻。除了能讓消費者得到另一層面的滿足，也可以提升企業好感度與知名度。

案例⑥ 富維克的1L For 10L

即使是同質性極高的商品，若賦予助人的理想，消費者的良善面會因此被激發，願意選擇「有故事與使命感」的一方。

有了特殊體驗加持，產品就可以「變貴」

體驗、溝通和人與人之間聯繫等這類元素，也適合用來創造故事的種子。即使販售的商品相同，只要融入了體驗，附加價值便會迅速激增。

比方說，由日本文化便利俱樂部（Culture Convenience Club）於二〇一一年創辦的「代官山蔦屋書店」，雖然店名中有個「書店」，但並不是單純販售書籍、CD和DVD的地方（當然事實上是有販售的）。這家店販售的是：徜徉在代官山蔦屋書店當中的體驗。

只要你造訪該書店並悠哉地待上一段時間後，就能明白了。

店裡當然有大量的書籍、雜誌、CD和DVD，陳設也極具品味，即使只是看著，也不讓人厭膩。為了讓消費者好好享受並沉醉其中，旅遊及文具專區也緊鄰書本、音樂及影音專區，令人目不暇給。要是對商品選購有問題，也能詢問各個領域的服務人員。

選好了商品，可以到一樓的咖啡廳或二樓的交誼廳打發時間，特別是二樓的交誼廳，簡直舒適極了。獨自前往的消費者，可以在那裡閱讀或獨處思考；若是與人同行，也能夠親密交談或是各看各的書。如此緩慢度過愜意、奢侈又充實的分分秒秒，是在公司或家中都無法體驗的感受，讓人充分體驗逗留時的舒暢感、閒情逸致以及獲得知識的愉悅。

為了追求這一份體驗，顧客蜂擁前往代官山蔦屋書店。別說是週末，就連平日也是從早開始人潮就絡繹不絕。

雖然書店坐落在代官山，但卻離車站有一小段距離，附近一帶過去在平日可是人煙罕至。但自從蔦屋書店開幕，代官山的人潮明顯變多了。當初蔦屋書店發表構想，要以銀髮族為目標族群時，還有許多人懷疑究竟能聚集多少人。但如今，它卻獲得如此多人的青睞，而且不僅止於原本預想的銀髮族，各個世代的男女老幼都享受著蔦屋書店體驗。

二〇一三年十二月全新開幕的函館蔦屋書店，也承襲代官山店的概念，且善用北海道的遼闊土地，創造出規模更大的閱讀空間。書店官網上，更為它下了一個定義：學校和職場以外的第三個活動空間。

「第三空間[7]」（The third place）這個概念，是由美國社會學家雷・歐登伯格（Ray Oldenburg）提出，而落實此概念的知名案例正是美國星巴克咖啡。

文化便利俱樂部計畫要以代官山和函館為典型範例，將結合在地文化的蔦屋書店推展到日本全國各地，最大的願景是提供人們一個恬靜舒適的空間。它雖然名為「書店」，但販售的並不是書籍，而是在書店的體驗。

案例⑦ 蔦屋書店

重新定義並打造消費者最能體驗到的空間，再讓商品與周邊服務形成附加價值，滿足消費者的心靈。

案例》函館「幸運小丑漢堡」，讓你體驗新鮮、現做、分量大

雖然前文提到函館蔦屋書店，但你知道若說到函館，多數人力推「絕對要去走走」的人氣景點是哪裡嗎？不是知名的早市，也不是被譽為「世界三大夜景」的函館山，更不是令歷史迷興奮不已的五稜郭——而是函館的連鎖漢堡店，簡稱「小丑漢堡」（Luppie）的「幸運小丑漢堡」（Lucky Pierrot）！

提到函館，一般人會聯想到的名產是烏賊、海膽、鮭魚子或扇貝等海產。所以或許不少人會想：「幹嘛要特地去那裡吃漢堡啊？」然而即使一餐不吃海產，我也建議你一定要去嚐一嚐幸運小丑漢堡，因為這可是在函館才能享受到的漢堡滋味。

幸運小丑漢堡創立於一九八七年，到二〇一四年三月為止，已在函館市及其周

❼一九八九年雷．歐登伯格在其著作《最好的場所》（*The Great Good Place*）中指出，人們在第一空間（住家）與第二空間（工作地點）之外花費最多時間的場所，例如咖啡廳、書店、餐廳或健身房等，就是第三空間。

邊拓展了十六家分店❽。除此以外的地區，並無分號。

順帶一提，該地區中有五家麥當勞、三家摩斯漢堡分店（均為二〇一四年三月的數據），幸運小丑漢堡在數量上呈現壓倒性勝利。在函館，可說是市佔率相當高的漢堡店。

時至今日，小丑漢堡已成了函館市民的家鄉味，在北海道境內廣為熟知。這個小道消息一傳出，更吸引許多人從日本各地蜂擁而至。

小丑漢堡最特別的地方，就是它比一般漢堡更為瘋狂的超大分量，招牌品項更是和普通漢堡店不同：將炸雞夾入漢堡中的「中國風炸雞漢堡」。甜甜辣辣的炸雞和生菜與美乃滋的絕妙組合，是令人一吃就上癮的好滋味。此外，當然還有其他口味，例如幸運雞蛋漢堡、豬排漢堡、照燒漢堡、土方歲三扇貝漢堡和舞動烏賊漢堡等，口味琳琅滿目，讓人難以下決定。

由於所有漢堡都是現點現做，且不使用冷凍食材、不在顧客點餐前先行製作，因此相當費時。這些都是為了讓顧客能享受極致幸福的美味，而且更重要的是，價格也十分合理。

從價格、超乎想像的分量到口味，都必然會讓第一次品嚐的人大感意外，這就是幸運小丑漢堡的驚喜體驗。

取餐時不是叫號碼牌而是姓名，讓顧客享受獨一無二的款待

幸運小丑漢堡提供的不只是商品，各家分店都有令人驚喜的巧思，不但各自決定主題裝潢，設計也是大異其趣。

戶倉店的主題是「漢堡歷史館」。店內天花板張貼四百張一九二〇到六〇年代的美國漢堡店海報，牆上更掛滿一百五十張裱褙相片。

松陰店的主題是「亨利．盧梭熱帶樂園」。店內裝潢概念取自法國後印象派畫家亨利．盧梭（Henri Julien Félix Rousseau）的畫作和熱帶原始森林，呈現宛如「城市中的原始森林」的氛圍。

---

❽截至二〇二二年八月為止，已有十七家分店。

舊金山灣區本店的主題是「森林中的旋轉木馬」。店內陳設了木馬和鞦韆，就像是將森林中的旋轉木馬搬到店裡來一般。此外還有「愛戀奧黛麗・赫本」、「網球小姐館」、「天使們的細語」、「我們都是電影青年」和「聖誕老人到函館來」等極具個性的分店，光看主題很難想像。

所有分店中最亮眼的就是二〇一二年才開幕的峠下總店。主題為「果園餐廳・野鳥觀察館」，佔地面積竟達到三千坪！走進餐廳簡直就像掉入了一座足球場，還有三百坪的小木屋風格建築物坐落其中。此外，不僅有真實版的旋轉木馬和羅勒園，顧客還能和山羊親密接觸。各種小巧主題組成的公園風空間設計，幾乎讓人忘記自己來到的是漢堡餐廳。

不只商品和店鋪，幸運小丑漢堡更有一套獨特的待客之道。顧客點餐時，店員並不是遞出號碼牌，而是詢問顧客名字，在料理完成後，才呼喚顧客名字來取餐。這其中的理念，便是將所有顧客都當作獨一無二的個體對待。

所謂「幸運小丑漢堡體驗」，就是由這些細節交織而成的故事。這是在其他漢堡餐廳所無法感受的體驗，不親自走一趟函館，就吃不到這樣的獨特美味。

小丑漢堡社長王一郎的著作《B級美食領域No.1》中提到：「在這個時代，光是好吃並不會有顧客上門。料理做得美味是應該的，顧客關心的是你是否能在好吃上頭加分，做出其他店做不到的『出人意表的驚喜』。」

體驗了那份驚喜，人們便會忍不住推薦給其他人。正因如此，每當有人提到「我要去函館」，就會有許多人大力推薦：「那你最好去一趟幸運小丑漢堡！」因為他們並非僅僅販售美味漢堡這樣的商品，而是令人驚喜的小丑漢堡體驗。

案例⑧ 幸運小丑漢堡

用心、美味之上，不忘用巧思創造獨特性，而這創造出的驚奇體驗，正是讓消費者願意參與其中，也樂意分享出去的故事。

讓顧客共有體驗，故事馬上就出現

讓我們繼續北海道的話題吧。在北海道北部，有個外國觀光客絡繹不絕的商務飯店，那就是位於枝幸町歌登（原歌登町）的歌登綠色公園酒店（Green Park Hotel）。

就算是不下雪的夏季，這裡距離新千歲機場也需要五小時的車程，沒有什麼特殊的觀光景點，人煙更是稀少。別說日本本島了，就連在北海道當地都鮮為人知，但為什麼會有外國人前來造訪呢？

案例》讓觀光客體驗日本文化的飯店，竟然使泰國人趨之若鶩

歌登綠色公園酒店原本是由市政府經營，由於經營不善才委託民間管理。民營化後，為了招攬顧客，經理希望和國內旅行代理業者合作，但卻沒有任何旅行社買帳。面對「特地跑到那麼遠的地方，那裡到底有些什麼啊？」這樣的問題，飯店自身也難以回答。

既然都沒有讓日本人非來不可的理由，外國人又怎麼會來呢？在一個偶然的機緣下，飯店經理透過人脈和泰國的旅行代理業者接觸，對方提出了這樣的要求：「泰國觀光客想要體驗日本文化，希望你能幫他們安排。」

他決定滿足對方所有的需求，便從二〇一〇年開始接待來自泰國的觀光客。由於剛好搭上了泰國與新千歲機場開放直航的順風車，一開始來客數僅僅兩百人，卻經過口耳相傳而陸續增加，當時預期二〇一四年可望成長八倍，接待一千六百位以上的旅客。

究竟是什麼觸動了泰國觀光客的心弦？

觀光客搭乘遊覽車抵達飯店後，飯店人員會立刻協助他們換上備妥的繽紛浴衣，再全體帶往宴會廳欣賞太鼓演出或魚隻解體秀。儘管因預算緣故無法選用鮪魚，而是採用鮭魚或鰤魚，泰國人依然看得津津有味。接著，壽司師傅會利用解體後的生魚片進行握壽司教學，讓所有人都能實際體驗。

無關季節或地域，他們也能享用麻糬、流水素麵[9]和章魚燒等美食，也有機會接觸板羽球[10]或廟會射擊等遊戲，能在一個晚上就享受到各式各樣的日本文化體驗。

若行程安排在冬天，觀光客還能親身體驗工作人員準備好的雪屋、雪橇或雪人，這對從未看過雪的泰國人而言，簡直是難以忘懷的珍貴經驗。無論大人或孩子，所有第一次玩雪的泰國觀光客，都陷入前所未有的瘋狂。

飯店建築物本身並不是特別古色古香，也沒有值得一提的溫泉，附近還沒有觀光景點，更不是提供了什麼極致的服務。

即使這也不是、那也沒有，但這家飯店提供了「體驗」這樣的附加價值，就此搖身一變，成為廣受泰國人歡迎的住宿聖地。據說，其中還有造訪多次的熱情回頭客。

此後，歌登綠色公園酒店獲得當地人的協助，開始進行許多嶄新的體驗企劃，和外國觀光客互惠交流。他們的目標是成為「不只一個晚上，而是讓顧客願意連續住宿」的住宿點。

案例⑨ 歌登綠色公園酒店

即使先天優勢不足，換個角度切入，一樣能找到值得下功夫感動消費者的地方。

❾日本通常於夏季食用的一種料理。將竹子縱切面剖半，在凹槽裝水讓麵條順流而下，要吃的時候分別等在竹子兩側，用筷子攔截夾起，再沾上鰹魚醬食用。素麵則類似台灣白麵線（壽麵）。

❿又稱板式打毽、打手毽、雞毛球，是使用木板拍打紮有羽毛的球體（類似毽子），並避免讓它落地的遊戲，為現代羽毛球及毽球運動的前身。

案例》花卉商店如何在網站上，提供「分享共同種植」的樂趣？

即使沒有實際店面，也能夠創造出體驗或關聯性的漂亮故事。

有一家位於三重縣桑名市的園藝栽植網路商店「花卉廣場 Online」，透過在網路上和顧客的溝通聯絡，讓營業額大幅激增。

瀏覽該商店網站，看似只有販售草木、花卉和園藝用品，但若僅止於此，就和其他絕大多數的園藝商店網站大同小異。

但這家商店的營業額之所以能攀升，並不是因為販售商品，而是因為推動體驗和關聯性的概念，進一步販售和大家一起栽種植物的樂趣。

最經典的活動，就是花卉廣場學園檸檬社。只要在網站上購買檸檬果苗，就能加入社團，截止日期是每年三月，直至二〇一四年為止，已募集到五期的社員。

在檸檬社網頁上有個「社團活動」頁面，社員可以將培育檸檬果苗的相片上傳到網頁上，和其他社員一同分享；花卉廣場 Online 社長高井尽則身兼社團顧問，針對觀察到的重點和栽種方式給予建議。

若在一般的情況，他們只是單純的顧客，但在這個社團裡，他們都是「檸檬社社員」。所有人都因為能夠加入檸檬社而喜不自勝。在「商品評價」頁面，寫著以下的感想：

「終於加入了夢寐以求的檸檬社！今後我會好好照顧檸檬的。」

「身邊都沒有能跟我聊園藝的朋友，很高興能在檸檬社和大家成為好朋友！」

「真的超開心！以前不知道有檸檬社，後來是想和大家一起努力栽種檸檬才買了果苗。能和素昧平生的各位享受照顧同一種檸檬的樂趣，感覺很好玩的樣子！所以就參加了。」

「我是園藝新手，因為整天都在工作，沒時間能和身邊的人好好相處……真的很喜歡花卉廣場檸檬社所提倡的『和社員們一起種檸檬吧！』這個點子，所以滿心期待能夠加入這個社團。」

看了這些感想，顧客也未必會萌生「好想買檸檬果苗喔」這樣的想法吧？但透過栽種檸檬，所有社員便能你一言、我一語地相互指導、彼此加油打氣，他們是為了這樣的體驗而來的。

檸檬社的網頁上，還有像這樣呼籲新社員加入的文章：「果樹為我們帶來的是豐盈富足的生活，它讓我們知道季節的流轉，伴隨家人一同成長，作為紀念樹一般地朝夕相處。當自己種下的樹苗日漸茁壯、結實累累，那份喜悅即便用任何事物都無法取代。在樹上成熟的果實，或許會讓我們再次感受它原本的美好滋味吧？何不試著種植一棵自己喜歡的水果樹苗呢？故事的最後一幕，將有個美妙的結局在等待著我們。」

社長高井尽曾發表過以下的談話，說明自己創立檸檬社的動機：「我想和顧客成為夥伴，因為想和大家一同分享彼此的故事，才創立了這個社團。」

花卉廣場 Online 所販售的故事，是顧客的未來，檸檬樹果苗這項商品，說到底只是那些故事的象徵性產物。

即使商品本身的品質、價格無法和對手產生極大差異，只要能發現故事的種子，並將它好好地培育成長，就能創造提升營業額的精彩故事。

案例⑩ 花卉廣場學園的檸檬社

讓體驗變成消費者自己的故事，多個故事拼湊起來，就會成為品牌的故事。

只要讓故事與商品互相呼應，便能成就更具力量的詩篇

第一章，我們瞭解了如何尋找和商品緊緊相依的故事。第二章，則是看見了如何發現商品之外的故事。

和商品緊緊相依的故事，一般對於販售原創商品的公司或商家較為有效。發現可望成為故事的璞玉，就加以琢磨、使其發光，但若不是能夠散發光彩的璞玉，就絲毫沒有意義。

至於商品之外的故事，則是對於沒有原創商品、販售隨處可見商品的公司或商家較為有效。將可望成為故事的種子播入土中，澆水、施肥並悉心照料，再讓它開

出美麗的花朵。從種子到花朵多少需要耗費一些時間，你必須有所覺悟。

當然，即使是原創商品，在商品之外創造故事也是十分有效的做法。只要能讓故事和商品本身相互呼應，便能成就更具力量的詩篇。

在下一章，我將介紹特別能夠撼動人心、將故事說得娓娓動聽的方法，也就是足以稱為「人類共同感動點」的黃金法則。

【名校觀點】哈佛大學教授麥可・波特

在本章提及的故事種子當中，比較少見的是「社會公益」這個部分，但哈佛大學教授暨國際知名策略大師麥可・波特（Michael E. Porter）指出，社會公益也是增進企業總體競爭力的一環。他認為企業應該運用獨特的專長和資產，讓社會和經濟部門同時受益、創造互利雙贏的局面。此外，他強調不應該把公益當成行銷宣傳廣告，例如：某知名菸草公司捐款七千五百萬，卻花一億元做廣告宣揚，反而破壞公司形象，產生反效果。

（※編輯部補充）

第 3 章

成功法則二：何謂打動人心的故事？

——故事的三大黃金定律

這個在地的女子團體，為什麼可以紅那麼久呢？

你知道「在地偶像」嗎？

在地偶像也稱作本土偶像、地方偶像或當地偶像，意指以東京都以外的地方區域為中心，進行演藝活動的偶像。據說，在日本全國已有上百組這樣的演藝人員。他們通常透過商店街、宣傳活動、本土節目或演藝學校等多種管道發跡，但大多都在出道數年後便銷聲匿跡，其他縣市的居民幾乎不認識他們。

在為數眾多的在地偶像中，有一支以新潟縣為活動據點的少女三人團體，近年在日本人氣直線攀升，她們就是「Negicco」（蔥少女團）。Negicco 無論在樂曲或演出都獲得相當高的評價，在同業中是不容忽視的重要存在。

Negicco 成軍於二〇〇三年七月，直至二〇一九年已邁入出道的第十七年，而且從來沒有換過成員，一直是當初的三個女孩（原本是四人團體，其中一人中途退出）。

現在這個年代，許多在地偶像團體不出幾年便失意沉寂，或是更換成員，而Negicco 至今仍能屹立不搖，也未曾換過成員，實在相當難能可貴。

雖然「新潟縣出身」在偶像市場中算是大大不利，但她們歷經十年以上的星運沉浮，粉絲人數至今依然持續累積當中。

若詢問 Negicco 的粉絲：「為什麼會成為她們的粉絲呢？」最多的答案都是：「不知道為什麼，就是想要支持」、「不知不覺就變成粉絲了」。這些人通常是因為看過一次 Negicco 的現場演出，就深深被她們的美妙歌曲與現場魅力所擄獲。

然而，「不知道為什麼，就是想要支持」絕非唯一的理由。她們的粉絲之所以說出這樣的話，其實暗藏著玄機，那玄機究竟是什麼？

為什麼大家不在意產地與超甜，竟選擇「奇蹟的蘋果」？

接下來我要換個話題。請稍微想像以下這個情況：

在你面前，擺了A、B、C三顆蘋果，有人對你說：「請選出一個喜歡的。」無論哪一顆蘋果，都沒有說明文字，用手摸摸看，觸感都一樣，聞聞味道，也沒有什麼不同之處。這樣的情況下，有別於了解蘋果的專家，一般人都會直接選擇一個外觀看起來還不錯的吧？

然而，若這三顆蘋果附加以下的說明，結果會是如何呢？

A：以普通農法培育而成的蘋果（青森縣產）。

B：「不摘葉的蘋果」，栽種時不摘取蘋果周圍的葉子，讓營養充分地分布於果實當中，雖然外觀有點瑕疵，但保證又甜又好吃！

C：木村秋則先生栽種、廣為人知的「奇蹟蘋果」。這顆奇蹟蘋果是在旁人說「絕對不可能！」的情況下，由木村先生以無農藥、無肥料的方式進行培植，度過長達八年極度貧困的生活和孤獨歲月，歷經無數次的錯誤嘗試，最後才終於成功。

我想你的答案應該會有很大的改變。好了，請問你選擇的是哪一顆蘋果呢？

其實你選的不是蘋果，而是它背後辛苦的故事

在演講場合上，若讓一百個聽眾回答這個問題，選擇A的人幾乎是零（有時因場次不同，也會有一兩個乖僻彆扭的人刻意選擇了A），選擇B的人只有幾個，而剩下約有九〇％以上的人都選擇了C。

這是為什麼？多數會是這些理由：

「因為對那個蘋果的滋味很好奇！」

「因為很難買得到。」

「因為吃了之後，就可以跟別人炫耀『我吃過喔』。」

「因為很認同木村先生的栽培法。」

那麼，請稍微想像這些假設：

「如果木村先生沒吃到什麼苦，輕而易舉就種出奇蹟的蘋果……」

「如果木村先生種蘋果的動機是『總而言之就是想要海撈一票』……」

「如果這種蘋果的名稱是『完全無農藥無肥料的蘋果』……」

你是不是變得沒有之前那麼想要了？但這項商品還是完全一模一樣的蘋果。你想要「奇蹟的蘋果」，或是因為想吃一口而選擇C，其實想吃的不是蘋果本身，而是與蘋果緊扣在一起的「木村先生的故事」。正因為有如此引人入勝的故事，以木村先生的故事為藍本的著作才會大賣，還改編成電影[11]。

案例⑪ 木村秋則的奇蹟蘋果

具備「黃金三定律」的「故事」，將成為最厲害的魔法調味料。

⓫描述青森縣的蘋果農夫木村秋則，因為發現妻子對農藥過敏，而萌生種植無農藥蘋果的念頭，經歷種種困難，前後花費十一年才成功種出「奇蹟蘋果」。他的故事在NHK電視台節目「Professional——職業人的作風」播出後聲名大噪。此書台灣翻譯版於二〇〇九年出版，之後被改編為同名電影，二〇一三年於台灣上映。

用三大黃金定律，讓你的故事夠感動、有共鳴

我在本書第一章，如此定義銷售時使用的「故事」：對顧客、員工、合作廠商等對象所訴說的小故事和理念，不僅情節真實（並非捏造杜撰），且和個人、公司、店家和商品等因素緊緊相連。

以這樣的定義來看，其實B蘋果也蘊含著故事，而且比起A蘋果當然更為強而有力；但是和C的奇蹟蘋果相比較，還是輸得一塌糊塗。

為什麼？因為C蘋果的故事，正好觸動了人類共同的感動。

我將其命名為「**故事的黃金定律**」：

1. 欠缺某種東西或是被迫欠缺某種東西的主角。

2. 有無論怎麼努力都難以實現的遠大目標，無視過程險峻，依然勇往直前。

3. 面對無數挫敗、阻礙和敵手，一路披荊斬棘。

具備以上三項要素，便能成就一則精彩的故事。

只要包含這三項要素，人們就會對故事中的主角投入情感，進一步想要支持。這並不是只適用於某個國家，而是放諸四海皆通用的道理，因此才稱為「人類共同的感動」。

劇情簡單的好萊塢電影等娛樂作品，也廣泛使用故事的黃金定律；即使是商業或運動類型的紀錄片節目，主角也是能夠展現黃金定律的人物。因為製作團隊深刻明白，這樣的主角才能獲得多數人的共鳴及支持。若你的商品或公司也擁有滿載黃金定律的故事，就有可能獲得極大的支持和肯定。

案例》東京中奧會成功，因為有好故事打頭陣

在演講等場合上運用故事的黃金定律，也能獲得很好的效果。過去，那些足以推動歷史的演說，幾乎都使用這些定律。

在美國，國民曾經因為經濟大蕭條而陷入谷底，時任總統富蘭克林・羅斯福（Franklin・D・Roosevelt）的就職演說，為國民注入滿滿的勇氣。牧師馬丁・路德・金恩（Martin Luther King, Jr.）的演說「我有一個夢」（I Have a Dream），為當時的公民平權運動帶來巨大的影響。總統甘迺迪（John Fitzgerald Kennedy）在冷戰時期發表的就職演說，為國民開啟一條康莊大道。總統布希（George Walker Bush）在九一一事件後隨即發表的演說，讓他獲得九〇％以上的支持率。總統歐巴馬（Barack Obama）在民主黨全國大會上發表的演說，讓他一夜之間成為呼聲最高的總統候選人。

在日本，前任內閣總理大臣小泉純一郎的《郵政解散演說》、前首相田中角榮在「洛克希德事件」中發表的演說，也是如此。德國納粹黨黨魁阿道夫・希特勒

（Adolf Hitler）利用演說而翻身成為獨裁者，同樣也使用了黃金定律。

二〇一三年九月，在阿根廷首都布宜諾斯艾利斯舉行的二〇二〇年奧運會主辦權評選會議上，東京申奧的簡報中也有黃金定律的身影。

尤其是擔任簡報先鋒的帕拉林匹克運動會[12]選手佐藤真海[13]，她在演說中善用黃金定律，深深擄獲了國際奧林匹克委員會（International Olympic Committee，簡稱IOC）的心。

在簡報時，佐藤真海提起了一段往事。她曾是田徑賽跑選手，也是啦啦隊隊員，卻在十九歲時因罹患骨肉瘤而截肢右腿，面臨人生的最大低潮。後來，她在運動領域中重新獲得了力量和喜悅，曾於雅典與北京帕運中兩度出賽，但在準備參與倫敦帕運時，卻發生了三一一大地震[14]，她的故鄉受到海嘯無情的侵襲。

---

[12] 俗稱殘障奧運會，亦稱帕運，是由殘疾人士參與的國際運動競技賽事，第一屆冬季帕運會於一九七六年瑞士舉行。

[13] 日本知名肢障運動員，主要參與跳遠項目，為紀錄保持人，有「女版刀鋒戰士」的美稱。

[14] 發生於二〇一一年三月十一日（亦稱東日本大震災），受災地區主要集中在日本東部地區，其沿海地區遭到強震引發的海嘯襲擊而嚴重損毀，堪稱日本歷史上經濟損失最龐大、傷亡人數最慘重的自然災害之一。

但不僅她個人，其他選手也為了重建受災者的信心，舉辦許多運動相關活動，更從中發現運動能帶來希望與團結的真實力量。

演說中，我們聽見她運用黃金定律訴諸感性，再搭配效果十足的影像，連同其他演說者富含道理與信賴的演講內容和遊說行動，才帶來了成功。

案例⑫ 佐藤真海的東京申奧簡報

除了說之以理，更重要的是動之以情。飽含情感的話語，才能真正滲透人心。

案例》織布廠因為不放棄而起死回生，造就出好故事

位於東京都江東區晴空塔附近的「小高莫大小工業」，是一家僅有八名員工的小型纖維製造廠，創立於戰後一九四八年。公司名稱「莫大小」的讀音是「me-ri-ya-su」，據說是來自葡萄牙語「meias」（編織物）。使用「莫大小」這三個諧音字，是因為該公司的產品特徵是「無論大小都伸縮自如」。日本昭和三〇年代（西元一九五五至一九六五年代），凡是以機器織成的薄質織物都被稱作「me-ri-ya-su」，其他像是貼身衣物、襪子等具有伸縮性的衣物，也都被如此稱呼。

小高莫大小工業在創業初期是製作針織帽，不久便開始承包服裝製造，以使用POLO衫衣領的彈性針織布料為主力商品。

直到二〇〇〇年為止，他們的業績一直都很好，但後來受到廉價的中國製品影響，營業額急轉直下。二〇〇五年，即使小高集接下社長一職，營業額依然沒有停止下滑，他腦中很快就浮現了「倒閉」、「歇業」這樣的詞彙。

於是他心想：「再這樣下去，就算是繼續接單承包也不會有未來！我們一定要開發出親自賣給第一線消費者的商品！」但不知道要開發什麼商品才好。

到了二〇〇九年，小高莫大小工業接到一家工作室的電話：「可以把不要的碎布頭給我們嗎？」詢問對方緣由，才知道這家位於青森縣內陸新鄉村的工作室，向來都是跟同一地區的纖維製造商購買碎布頭，再製作成日式布草鞋，但因為工廠陸續歇業而漸漸買不到了。後來工作室透過網路發現了小高莫大小工業，便主動致電聯絡。

小高社長答應了出讓碎布頭的請求，而對方回送了一雙布草鞋當作謝禮。他一看見那雙鞋，便對它的完成度和舒適度大感震驚，直覺認為：「就是這個！」

決定要製作「原創布草鞋」的小高社長前往青森工作室，向他們請教編製布草鞋的方式。經歷多次試做及來回詢問工作室的意見，決定將設計風格定調為北歐風、以年輕女性為訴求目標，力求在海外也能與其他品牌匹敵。

就這樣過了兩年，小高莫大小工業的原創布草鞋製作完成，從公司名稱「me-ri-ya-su」取「MERI」作為商品名，主打概念為「新感覺的室內鞋」。不僅是國內，小高社長也希望拓展海外市場，決定將商品推廣到法國巴黎的展覽會場。

小高社長賭上公司命運，將商品帶往了巴黎，但最初兩天卻乏人問津。正當他心想：「還是沒辦法吧」打算放棄之時，奇蹟發生了。來自科西嘉島⑮的雜貨舖老闆向他買下了三十二雙布草鞋。科西嘉島是法國戰神拿破崙被囚禁至死的島嶼，現今則是知名度假勝地，對方表示要將這些鞋販售給飯店當作室內鞋使用，這讓小高社長反覆地用法文道謝：「Merci、Merci」，還不停和對方握手致謝。以這筆交易為契機，有數十家業者開始向小高社長洽談生意，在那一個瞬間，拓展海外市場的希望之光就此點亮。

深受中國製品打擊而被逼到懸崖邊的小公司莫大小，就這樣靠著啟發，自青森奶奶製作的布草鞋重新開始，如今更要朝向世界的舞台邁進。

當你滾動「故事三大黃金定律」，媒體會搶著報導

看了「小高莫大小工業」的故事，你有何感想？

事實上，莫大小並非擁有什麼劃時代的技術，卻還是深受媒體青睞，不僅在全國性的報章上受到大幅刊登報導，還有電視台將他們的故事製成專題報導。

知道箇中理由是什麼嗎？想必你已經明白了吧？沒錯，因為小高社長讓自己成了「故事的黃金定律」的主角。

⓯位於義大利西方、法國東南部及薩丁島北方的西地中海區，是法國最大的島嶼。

①小鎮工廠社長被中國製品打壓而面臨經營危機，大大欠缺著某種東西。
②「以原創新商品開拓海外市場」的遠大目標，過程險峻。
③直到開發成功為止，歷經多次嘗試錯誤等困難、阻礙和挫敗。

如此徹底融入了黃金定律三要素的故事，正是媒體最樂於採訪的素材。

二〇一三年十月，小高社長開啟了「MERI」的分公司事業，創立ORANGE TOKYO股份有限公司。二〇一四年七月，在成田機場航廈大樓，「MERI」的直營店也開幕了。

案例⑬ 小高莫大小工業的布草鞋

如果企業本身的奮鬥史已符合故事的黃金定律，只要再找到管道把故事推廣出去，求之不得的媒體就會爭相前來報導。

成功方程式：主角＋目標＋堅持＝激勵人心的奮鬥故事

言歸正傳，讓我們回到本章開頭提到的新潟在地偶像「Negicco」。「不知道為什麼，就是想要支持」，這個團體受到喜愛的祕密。存在著以下故事：其實她們十多年來，遇到挫折、曾被打壓，也有過一些小幸運。

這個偶像團體出身於二〇〇三年農協在新潟舉辦的「美肌蔥」宣傳活動。當時為了替美肌蔥進行商品宣傳，廣告代理公司與電視台提議「組成一個偶像團體」，意見受到採納後，便找上新潟的藝人養成學校。

這個由 Nao☆、Megu、Kaede、和 Miku 四位中小學生組成的少女團體，原本只是經過學校內部競賽選拔而來，且限定為期一個月的偶像（後來 Miku 中途退出）。她們以一曲主打歌《戀愛蔥少女》出道。後來，因為「蔥與少女」的組合相當新奇，得以解除期間限定的命運，並繼續演藝活動，沒想到這卻是苦難的開始。

首先，原本擔任後援的藝人養成學校停辦，轉由現任經紀人接手演藝經紀事宜。但她們距離「偶像」那樣光鮮亮麗的印象還有一大段距離，不僅服裝是從超市買來，連舞蹈動作都是自己構想。

要是在東京舉辦演唱會，就得由經紀人自行開車接送，多次往返新潟和東京。為了通告，她們也被迫犧牲學校活動，飽受屈辱、遭受苛刻對待更是家常便飯。

即使如此，她們並沒有放棄未來「在武道館的洋蔥[16]下揮舞青蔥！」（也就是在武道館單獨舉辦演唱會）這樣遠大的目標。

後來，Negicco 多次度過解散危機，並於第一屆 U.M.U AWARD[17] 2010舉辦的「在地偶像爭霸戰」中獲得優勝，演藝事業就此攀上高峰。她們不僅在東京淺草的超級澡堂[18]舉辦定期演唱會，還被每次都早早到場欣賞表演的常客淘兒唱片（Tower Records）社長簽下，成為旗下偶像——這一切都是如此戲劇化。自此之後，Negicco 勢如破竹，在二〇一四年成為備受期待的藝人，廣受矚目。

一支地方偶像團體遭遇無數次挫敗，努力邁向遠大的目標「武道館單獨演唱會」。她們無視險峻的過程，面對各種阻礙、挫折和自身軟弱，終於一一克服難關。這樣的故事讓她們成為「故事的黃金定律」的最佳見證人。

當然，她們本人不可能意識到這樣的黃金定律，但從客觀角度來看，粉絲說的「不知道為什麼，就是想要支持」這句話，正是她們實踐黃金定律的最好證明。

案例⑭ 新潟在地偶像「Negicco」

即使出身從地方發跡的偶像團體，三名少女抱持遠大夢想且不畏困難，最終一一克服，如此符合黃金定律的故事，正是讓人想為他們加油喝采的力量來源。

⑯日本武道館屋頂上有一顆蔥花形狀的珠寶裝飾，看起來像是一顆大洋蔥。

⑰從二〇一〇年開始，每年於十二月下旬舉辦的音樂節，主要由日本各地的在地偶像、女性偶像團體與女性偶像參與演出。「U.M.U」為Under Major Unitidol的簡稱。

⑱日本一種公眾浴池，使用須付費，有別於傳統的日式澡堂，設有大型浴池、游泳池和SPA，部分也提供餐飲和按摩服務。

產品沒有人支持時，試著宣傳努力過程與遠大目標

要是沒有太多人願意支持你，不如選擇成為實踐黃金定律的故事主角吧！首先，請從自己、公司或商品中找出足以成為黃金定律的要素。

比方說以下的例子：

- 公司的創業故事
- 經營者自身的背景故事
- 商品開發的 Project X 挑戰者們類型故事[19]
- 對商品有所堅持的故事
- 克服經營危機的故事
- 以社會公益改變世界的故事
- 繼續朝向未來遠大目標邁進的故事

在這些故事當中，必能發現自己或公司能夠擔綱主角的故事。若能充分運用、加以宣傳，便能觸動許多人的感動。

為了達到這樣的目標，首先你必須先自曝其短，將工作、尊嚴、背景和能力等自己擁有的弱點和自卑描述出來，這將使你成為「欠缺某項東西」的主角。

然而，光說負面故事會帶來反效果，所以接下來該進一步讓人們看見自己「朝向遠大目標邁進、努力克服困難」的姿態。正因有了遠大的目標和志向，人們才有支持的意願；同時你也必須特別強調自己「絕對不放棄！」的堅強意志，讓人們有所感受才行。

暢銷的兩大核心關鍵：商品有水準、故事不欺騙

至此為止，我說了許多成為黃金定律故事主角的好處，但在利用這強大的「人

⑲日本NHK電視台節目，內容以日本從戰後到經濟奇蹟期間，實現劃時代事業的眾多小人物為主角，揭開他們懷抱熱情和使命感的人生經歷。

類共同感動」時，有兩個關鍵前提必須特別留意。

首先，提供的商品或服務，必須擁有一定水準以上的高品質。

例如先前提到的 Negicco，她們的歌曲和演出水準之高，並不會讓人覺得只是一支小小的在地偶像團體；小高莫大小工業所製作的 MERI 室內鞋商品，無論品質或設計，也都有令人驚喜的質感。

要是商品或服務並沒有一定水準以上的品質，即使消費者當初被故事吸引而購買，也無法成為回頭客，反而會大失所望。

另一個前提也相當重要：用於市場銷售的故事，絕不能是捏造的！也就是說，無論再怎麼符合黃金定律，只要是虛構而成的故事就絕對行不通。

比方說，過去曾經有位自稱聽不見的作曲家就出現一件醜聞：他的暢銷曲其實並不是自己的創作。後來，他被媒體大肆報導、瘋狂抨擊，原本支持其創作的粉絲也議論紛紛：「被他騙了！」

但若冷靜思考，其實歌曲本身一點都沒有改變。明明所有人都對同樣的曲子讚不絕口，一旦知道這位作曲家其實是假他人之手，歌曲的評價便瞬間跌至谷底，不是很不可思議嗎？

其實無論媒體或粉絲，原本買下的並不是他的音樂，而是他的故事。他和他的音樂能夠獲得支持、頻繁地在媒體上曝光，其實都是因為他是黃金定律故事中的主角。證據就在於，當人們一旦知道他的故事純屬虛構，便會勃然大怒，即使歌曲本身並沒有任何改變，音樂卻喪失了原本的價值。

一則故事，特別是符合黃金定律的故事，蘊含著動人的情節，但要是故事是個漫天大謊，便會使感動跌至谷底。擺盪到最高點的情感，也將會如同鐘擺一般，迅速擺盪到最低點而蕩然無存。

所以，請千千萬萬不要「創作」故事。用於市場銷售的故事絕非捏造而成的作品，而是發現得來的。

【名師觀點】皮克斯公司資深劇作家艾瑪・考茲

作者川上徹也提出的三大黃金定律，在某個程度上其實與皮克斯的精神異曲同工。皮克斯公司資深劇作家艾瑪・考茲（Emma Coats），曾在推特上提到「說故事的二十二個法則」：你會敬佩一名角色的努力不懈與勇於嘗試，多過於他的成功。除此之外，她也分享簡單的架構公式，可以套用在任何故事上：從前從前……每天……有一天……因為……所以……因為……所以……最後終於……。

以下以本章故事為例：從前從前有位農夫木村先生，每天都努力栽種蘋果，有一天他發現妻子對農藥過敏，所以堅持種蘋果不灑農藥，但因為蘋果樹年年都抵不過害蟲侵襲，所以他們家又苦又窮，但到了最後，他花了整整十一年的堅持，終於換得了一株株結實纍纍的奇蹟蘋果。

（※編輯部補充）

NOTE

第 4 章

成功法則三：怎麼用故事成就魅力企業？

——故事銷售的三支利箭

企業有魅力，其實也是故事的效果

你的公司受客戶、廠商歡迎嗎？受員工愛戴嗎？在社會或地區中是否有魅力呢？使用「魅力」這樣的詞彙，或許會令你感到輕浮，或許你也曾經認為：「公司經營缺乏魅力，沒有什麼大不了。」

但所謂「魅力」，正是希望被周遭人們認為：「這真是個不可或缺、特別讓我有好感的公司。」無論經營者或管理階層員工，都希望獲得所有人的喜愛，這難道不是天經地義的嗎？

正如同這樣的盼望，我才將獲得員工、客戶、廠商、社會或地區愛戴的公司命名為「魅力企業」。所謂「魅力企業」，就是：

- 顧客情不自禁就愛上的公司。
- 讓員工暗忖「能在這裡工作真是太好了」的公司。
- 讓廠商認為「真想和他們一起工作」的公司。
- 在社會或地區被評價「這企業還不錯」的公司。

這樣的企業很有可能經營順利並穩健成長，無論再怎麼高段的行銷策略，都贏不了這樣的狀態。因為魅力企業絕對都是從故事當中誕生，縱使企業規模不大，價格、品質和廣告都無法和大型企業匹敵，卻依然能獲取一定的利潤。

成為「魅力企業」有許多好處，舉例來說：

- 即使不做行銷，顧客也會前來光顧。
- 不需要削價競爭，員工眼中一直閃爍著光芒。
- 期望攜手合作的公司將會出現。
- 將有媒體主動邀訪。

- 經營者將獲得充實的滿足感。
- 適度且扎實地獲利。

這些好處產生的效益，又將會帶來全新的故事。你是否希望能讓自己的公司也成為魅力企業呢？

創造最大差異點，故事就出現了

位於京都市的「Castanet」，是一家僅有十名員工的小公司，長年販賣事務用品。但他們並不自行製造，賣的是其他公司也販售的商品。

即使如此，Castanet 在京都具有相當的知名度，電視、報章雜誌等媒體也經常報導。同時，由於他們和許多贊助身障運動的知名企業，同樣都備受信賴，許多市民都以為 Castanet 其實是大型企業。無論員工、顧客或社會觀感，都認為它是一家不可或缺的魅力企業。

Castanet之所以能夠成為魅力企業，是因為他們對社會公益不遺餘力。他們企業理念的最前頭便寫道：Castanet永遠期許和社會產生共鳴，追求社會公益和事業成長齊頭並進。

對Castanet而言，社會公益並非單純的「企業社會責任」（Corporate Social Responsibility，簡稱CSR），而是和本業相輔相成的重要工作。原因在於，社會公益活動正是它和其他同業的最大差異點，更是成就故事的要素。

身兼Castanet社長和社會公益室長的植木力曾表示：「正因為我們是規模既小、經營也辛苦的企業，更需要致力於社會公益活動。」如此似是而非的發想，是讓Castanet成為魅力企業的最大主因。

二〇〇一年，植木社長以大日本螢幕製造公司內部首位獨立創業者的身分，創立了Castanet。

大日本螢幕製造公司的總部設於京都，是世界評價相當高的電子機器製造商。雖名為「內部創業」，卻是「完全退職型」的制度（意即獨立創業前必須離開總公司），總公司也僅出資了一四%的資本額，約一千四百萬日圓而已。當時Castanet

雖是備受集團公司矚目的事務用品販售業，訂單卻是大大低於預期，儘管也跟其他企業推銷商品，依然難有成果。成立第一年和第二年，Castanet 已連續虧損三千萬日圓，即使雇用了員工也很快就辭職，經營狀況苦不堪言。

在這樣的情況下，是社會公益活動讓情勢大幅改變。原本植木社長就認為這類活動相當重要，在困頓的經營狀況下，也持續贊助身障運動。讓公益活動轉變為公司營業重點的契機，是他在某次的異業交流會中，遇見了一位資助柬埔寨學校的女士。

植木社長聽見那位女士說：「當地學校沒有文具可用，實在傷腦筋」，在酒席上趁著興頭便輕言許諾：「那我們就來幫忙捐贈吧！」

然而，這個任務實際執行起來十分困難。此時，他碰巧在造訪大日本螢幕製造公司的公關室時，提起這件事，對方建議他：「這會成為一則大新聞！你得立即去辦，向外界發表這件事！」

當這個公益活動實際曝光後，獲得了外界廣大的迴響。電視、報紙和雜誌等所有媒體都爭相報導，來自全國的二手文具蜂擁而至。儘管當中也有看似不堪用的，但他們努力加以分類，終於將文具送到柬埔寨。當時一般人都認為舉辦這類活動是大型企業的專利，而一個創立不久的「內部創業公司」能夠完成實屬不易，因此讓這個活動進行得更順利。

案例》京都的十人小公司，運用社會公益活動帶來關注與認同

透過這些過程，植木社長學到一件重要的事——社會公益活動能讓世界關注，同時獲得認同。

一位因採訪而結識的新聞記者，也給了他無比的信心，那位記者曾對他說：「從今以後將會是社會企業家的世代，我想要支持像植木先生您這樣的人！」後來，儘管販售事務用品的本業依然處於虧損狀態，無論公司內部或外界都投以冷眼認為：「明明是虧損不斷的企業，跟人家玩什麼社會公益？」Castanet 還是傾注全力從事公益活動。

讓情勢轉變的是持續進行公益活動第三年的某一天，某個人打來一通電話：

「我們要新建一棟辦公大樓，所以想跟貴公司下訂一套事務機器。」訂單金額是三千萬日圓。

問對方為何向 Castanet 下訂，得到這樣的回答：「反正都要訂貨，就想向從事社會公益的公司下訂。」從那一瞬間起，社會公益和公司事業終於有了共鳴，以這筆訂單為契機，Castanet 陸續湧入許許多多的企業大訂單。

「既然都要買，就跟 Castanet 買吧！」帶著這般支持心情的客戶愈來愈多，從第三年開始，公司轉虧為盈，事業也終於正式上軌道，這些都是因為 Castanet 對社會公益傾注全力。

直到今日，Castanet 依然持續在各種領域進行社會公益活動，藉此讓世人知曉公司的存在，也為事業帶來正面影響。

他們販售的事務用品，其實無論在哪家公司都買得到，一般而言只會淪落至削價競爭的窘境。但 Castanet 並非僅僅銷售事務用品，而是販售起源自社會公益的許多故事，因此成為和其他同業迥然不同的獨特存在。

儘管如此，Castanet 並不像標榜投身社會公益的企業那樣，具有死板拘泥的特性。以從創業時便有的吉祥物「Cast君」為首，屬於公司的詼諧逗趣隨處可見。

植木社長心目中的理想公司，是從員工、員工家人、廠商到當地居民都自然被吸引而聚集的魅力企業。因為他明白，若不能讓旁人一眼就覺得有趣，人們不會聚集而來。Castanet正是一家擁有如此神祕魔力的魅力企業。

案例⑮ 魅力企業「Castanet」

即使商品再怎麼平凡普通，利用投身社會公益的特點，也能創造和其他公司不同的差異，並進一步讓人不知不覺想要支持。

為「公事公辦」增添人味，你就能開創出嶄新藍海

坐落岡山縣瀨戶市的「MaCO」，擁有一段不像照護機構該有的故事，從數年前開始便備受矚目。

「MaCO」這個名稱蘊含公司經營理念，源自「麻姑（ma-ko）搔背[20]」。「麻姑」是來自日文的「孫子的手」（ma-go-no-te，中文為「抓癢棒」，又稱「不求人」），所以「麻姑搔背」的意思即是用不求人抓背、搔到癢處。換句話說，他們將照護工作視為服務業的一種，目標是「實現搔到癢處、體貼入微的照護服務」，以悉心款待的服務觸動顧客的心而大受歡迎。

MaCO 的重點設施「不求人之村」，和一般常見的日常照護設施不同。這裡的建築物採用寬闊的民宅風格，看起來就像鄉間學校一般。根據照護程度不同，房間

分為「蜜豆庵」、「豆泥庵」、「白豆庵」等類別[21]，但共同特徵是，無論在哪一個房間，銀髮族都能夠舒適而不受拘束地生活，就像是在自己家中一般自在。

桌子、椅子或沙發，都和普通住宅中使用的一樣，令人感覺不到這裡有重度的失智症患者。不求人之村最重要的概念，是「打造近乎日常生活的照護環境」，讓高齡人士都能一如往常地過得朝氣蓬勃，這也是MaCO受歡迎的原因。

不論是公司或設施名稱，讓人看了都覺得逗趣，辦公室甚至被稱為「村公所」。這些名稱的發想，都來自村長兼任鄉長的中川浩彰。他希望能「讓照護服務更活潑，讓人們感覺更熟悉」，並認為如果不能讓自己先享受其中，便無法讓使用者和家人展露笑顏。透過這些巧思，故事從中誕生。

中村社長從大學社福系畢業後，就到新開設的大型特別養護老人之家工作，但那裡的照護服務非常重視效率，簡直就像工廠的作業流程。當時他擔任中階主管，

⑳ 典故來自晉代葛洪《神仙傳》，故事中提到仙人「麻姑」擁有纖長似鳥爪的指甲，能夠搔得到癢背。

㉑ 名稱取自日式點心最常見的三種餡料「蜜豆餡」、「豆泥餡」與「白豆餡」，由於日本漢字「庵」（小屋）和「餡」（餡料）發音相同，為了讓在此居住的長者感到輕鬆自在，才以日常詞彙以諧音命名。

被上級主管和第一線服務人員夾在中間，裡外不是人，壓力大得幾乎要搞壞身體。

中村對那樣的服務方式感到困惑，希望創建一座更加人性化、更體貼使用者的理想照護機構，於是在二〇〇二年辭去工作後獨立創業。儘管公司數度發生經營危機，他都以「不猶疑、不膽怯、不氣餒」的座右銘，度過了難關。

案例》養老院的工作不是照顧人，而是讓人喜悅

MaCO雖在外觀上具有獨特性、讓人眼睛一亮，但依然忠於照護服務的基本理念。比起其他細節，這裡最重視「用餐」、「洗澡」和「排泄」這三項服務。許多照護機構連這三項服務都做不好，就著力於復健和娛樂，根本就是本末倒置。MaCO期許的並不是「福利形式的照護」，而是「服務業般的照護」，唯有提供高品質且令人安心的服務，才能和商業發展緊緊相繫。

中村社長並不喜歡大聲主張「照護」的福利面，因為他認為照護並不是照顧人的事業，而是讓人喜悅的工作。以此概念出發，他最重視的是能否讓眼前的使用者

與其家人感到快樂，並希望照護服務能成為一種愉快、帥氣又絕妙的工作，也就是「讓照護成為娛樂事業」的概念。

有了「照護是愉快的」想法，故事就此誕生。中村社長強調，若工作人員自己不能享受其中，就無法讓對方感到快樂，更遑論積極營造出愉悅的氛圍了。

此外，他也致力於宣傳故事。以月刊形式發行的公關誌《MaCO NEWS》，不僅以使用者與其家人為對象，也發送給附近的商家，期望讓人一改原本的封閉印象。如今，MaCO以打造岡山縣最有魅力照護機構為宗旨，成為擁有十二個相關事業點的企業，更進一步進軍中國大陸市場。

案例⑯ 照護機構「MaCO」

找回該產業應抱持的初衷，努力以不違背理念的方式，帶給顧客最大的利益，必能成為人們眼中閃閃發亮的魅力企業。

案例》養豬戶懷抱遠大抱負，不只讓商品暢銷還翻轉產業

在神奈川縣藤澤市北部，慶應義塾大學湘南藤澤校區附近，有一座養豬農場「宮治豬肉」。

二〇〇六年，社長宮治勇輔將父親手中的養豬事業轉型為企業，並持續經營，成功地將「神奈川縣產的無名豬」，以「宮治豬肉」之名品牌化，更成立「非營利組織：農家子弟網」，成為目前最受矚目的一級產業領導先驅。

宮治勇輔出生於一九七八年，慶應義塾大學綜合政策系畢業後，在人才派遣企業任職。他總想著「有一天要自行創業」，卻從未有過繼承家中養豬事業的念頭。然而，某天他無意中讀到農業相關書籍，發現許多問題點，就此改變他的人生。

他認為特別有問題的部分，包含以下兩點：

① 農業生產者沒有價格決定權

② 產品流通時，生產者的名字已經消失

舉例來說，宮治勇輔的父親採用一套名為「腹飼法」的獨到養殖法，做法是將同一隻母豬生下的豬隻圈養在一起。雖然這種飼養方式效率較為低落，卻能減少豬隻的環境壓力，成就美味的肉質。然而，這些豬肉產品卻被「神奈川縣產」的標籤捆綁在一起，和其他產品以相同的價值流通，畜養的人們完全不會知道商品出貨到哪裡，又是誰吃了這些豬肉。

宮治勇輔認為：「在這樣的狀況下，根本沒有人想過要為農業全盤革新。如今日本農業從業人員的平均歲數已屆六十歲高齡，十年、二十年後，填飽日本人肚子的農業將何去何從？」他漸漸認真地思考起「繼承家業」的選項。

在這樣的時代，這個養豬長男心中浮現的念頭，似乎具有某種意義。偶爾會有一段話閃過他的腦海：「將一級產業從『辛苦、骯髒、不帥氣、臭氣沖天、不賺錢、無法結婚』的『6K產業』，翻轉為『帥氣、感動、能賺錢』的『新3K產業』！㉒」他想：「或許是天命吧，上天告訴我『你該徹底改變農畜產業』。」

㉒文中所謂的「6K」和「3K」，均是日文發音以「K」開頭的單字。「6K」為「きつい、汚い、かっこ悪い、臭い、稼げない、結婚できない」，意即「辛苦、骯髒、不帥氣、臭氣沖天、不賺錢、無法結婚」；「新3K」則是「かっこよくて、感動があって、稼げる」，意即「帥氣、感動、能賺錢」。

舉辦烤肉派對，透過口碑、電子郵件感動許多人

二〇〇五年，宮治勇輔辭去工作，回到老家。原本在外食產業擔任員工的弟弟也比哥哥早一步回來了。所以兄弟二人分工合作，弟弟負責協助父親養豬，宮治勇輔則專心進行豬肉的品牌化經營。

雖然「宮治豬肉」這個品牌名稱已經確定，但他卻不知道該從何著手經營。不僅通路方面阻礙重重，連個讓人輕易購得商品的地方都沒有。

此時，他回想起，自己曾在大學時邀請朋友到家中舉辦烤肉派對，朋友們吃了烤肉紛紛對他說：「從來沒吃過這麼好吃的豬肉耶！」因此他有了構想：「對了！就來辦烤肉派對吧！不但可以確實看見豬肉直接被顧客吃進口中，也能詢問他們的感想，而且價格可以自己決定，或許口碑就能藉此拓展開來了！」

於是他向自家附近的觀光果園借用了場地，決定開辦一場「宮治豬肉的烤肉派對」。他寄出將近一千封電子郵件，對象包含大學時代的朋友和工作時期的同事，但信中內容並不是單純的活動邀請，而是宮治勇輔充滿熱切情懷的故事，以及他辭

去工作、期望改變日本一級產業的抱負。這份熱情感動了許多人前來參加這場烤肉派對。

就連只參加過一次的人們也口耳相傳，使產品印象很快就在各職場和家庭中傳開。不僅豬肉美味，派對更有話題：「週末離開東京，眾人一邊烤肉一邊交流」，但最重要的是他們對宮治勇輔的抱負深有共鳴。於是，顧客數目也扶搖直上。

「宮治豬肉」這個名號迅速滲透人心，直接向農場訂購的餐廳也逐漸增加，瞬間成為「神奈川頂級豬肉」的代名詞。

在豬肉成功品牌化之後，一般人都會想進一步擴大事業版圖，但宮治勇輔沒有選擇那條路。反而決定維持既有能以家族經營形式進行的規模，而將多餘的時間和精力全部傾注於推動日本農業。

宮治勇輔將那些老家從事農業，但在都市當上班族的人們稱作「農家子弟」，為了支持想繼承家業卻沒勇氣的農家子弟，他成立「非營利組織：農家子弟網」。

他確信，要是在都市當上班族的農家子弟都能返鄉繼承家業，便能以最快速度改變日本農業。如今，網站已有超過一萬五千人連結，成為互有聯繫的團體，而他也獲邀至各地演講，成為炙手可熱的人氣王。

為何宮治勇輔能在短時間內獲得這麼多人支持？因為他胸中的抱負。若光是考慮公司利益，而沒有「將一級產業翻轉為帥氣、感動、能賺錢的新３Ｋ產業」的抱負，故事便不會這樣發展了。

案例⑰ 宮治豬肉

正確的出發點配上有巧思的行銷管道，讓看見真誠決心的社會也忍不住要幫一把。

故事銷售「三利箭」：抱負、獨特、情節

Castanet、MaCO和宮治豬肉這三家魅力企業的實際案例，到此告一段落。

想成為這樣的魅力企業，該怎麼做？首先，建議你採用我不斷提倡的故事銷售手法，來設計公司經營策略。如此一來，觸動人心的魅力故事便會隨之浮現。

故事銷售就是運用故事的力量，持續讓商品、店家、公司和個人徹底散發光彩的方法。它的特徵是：將該公司「原本擁有的價值」淺顯易懂地展現出來，並由以下三個不同層級的故事（三支利箭）構築而成。

①抱負

②獨特性的關鍵

③動人的情節

讓我們依序來看看這些重點。

先宣示存在，才有機會尋求認同

第一支利箭是「抱負」。在故事銷售中，必須向世人宣傳的重要意涵是：公司、商家或團體究竟為了什麼而存在。

抱負是成為魅力企業的重要因素，但一般向世人如此宣傳的公司並不多。因此，若抱負能引發人們的共鳴，便能產生故事，成為和其他同業最大的差異之處。

一旦有了抱負，成為黃金定律主角的可能性將會大增。因為抱負是尚未達成的遠大目標，自然能夠讓人們看見「有所缺乏的主角」朝向目標努力不懈的姿態。對於無法以價格或品質和敵手較量的小型企業或商家，抱負就是最佳武器。

前述的幾家公司也一樣，正因為擁有遠大的抱負，才能夠成為魅力企業。

三個Ｏｎｅ讓你打造「獨特性的關鍵」

第二支利箭是「獨特性的關鍵」。無論抱負有多麼偉大，和其他公司相同的商品和服務，只會讓人覺得「說的比唱的還好聽」，所以要讓公司獨樹一格，需要有獨特的手法。

獨特性的關鍵能填補抱負的不足，而且將成為公司的特色，因此重要的是能以一句簡單的話語傳達理念。此舉能夠創造口碑，也容易成為媒體的報導題材。

簡單扼要的獨特手法，便是實踐以下三個「Ｏｎｅ」的其中之一。

① **Fast One（最快）**。
② **Number One（第一）**。
③ **Only One（唯一）**。

Fast One（最快）是「全國最快」、「業界最快」，率先在該領域導入的商品或服務，擁有強大的新聞性。

Number One（第一）是「全國第一」、「業界第一」，營業額、規模或人氣等任何一項取得優勝的產品或服務。

Only One（唯一）則是「全國唯一」、「業界唯一」，創造其他地方看不到的商品、銷售手法或服務。

只要有了其中一個One，你的公司就能和其他公司截然不同，成為獨特的存在。

活用縮小、獨斷、改變，找到三個One

你可能會有這種想法：「說是這麼說啦，但我們家什麼『One』都沒有啊！」但可別輕言放棄，不妨試試以下三種方式吧。

①盡可能集中縮小領域。

②擅自對外宣稱某個特點。

③改變呈現方式、吸引模式。

拿「山」來作比喻思考看看。

有人說：「誰都知道日本第一高峰是富士山，但第二高峰呢？知道的人寥寥可數。」（正確答案為「北岳[23]」。）這個問題是建立在「高度」這個範疇當中。

讓我們加入不同的類別，改變一下題目的範圍。若是「有破火山口[24]分佈」，阿蘇山[25]便是第一名；若是「能在東京近郊輕鬆攀登的山」，答案就是高尾山[26]。

---

[23] 位於山梨縣南阿爾卑斯市，海拔三千一百九十三公尺，為日本第二高峰。

[24] 又稱火山臼、陷落火山口，通常是火山錐頂部（或一群火山錐）因失去地下熔岩的支撐而崩塌形成，是比較特殊的一種火山口。外形為碗形的凹地，其直徑為數百公尺至數公里不等。

[25] 位於九州中央，橫跨熊本縣和大分縣的阿蘇國立公園中心，擁有全世界最大的破火山口，是世界屈指可數的活火山，更讓熊本縣贏得「火之國」的美稱。

[26] 位於東京都西部的八王子市，海拔五百九十九公尺，由於靠近東京都心、高度平易近人，又有豐富的自然景觀，因此每年都有數百萬遊客前往攀爬。

位於大阪灣岸地域的天保山[27]，以「全日本海拔最低的山」而聞名，也有「全日本能欣賞最美夕陽的山」這樣帶點自誇的說法。它的標高四．五三公尺，在地圖上被標註了二等三角點[28]，確實是日本第一「低」山，而「山」這個詞彙又有許多定義，因此頗有先說先贏的意味。

除了這些以外，日本各地還有眾多能被歌頌為「日本第一」、「日本唯一」、「日本首座」的山岳。只要有一個主題範圍能帶給人們衝擊，即使高度並非絕對超群，依然有可能成為一座無人不知、無人不曉的山。

動人的情節必須是真人真事

第三支利箭是「動人的情節」。包含實際發生過的「代表性故事」，或是每天從腦子裡揣想出來的情節都可以。只要能和抱負、獨特性的關鍵扣在一起，就能化作巨大能量，讓故事變得更立體，進而發揮成效。

當這三種不同層級的故事，如同三支利箭朝同一個方向射出，便能成為無法輕易折斷的「扎實故事」，公司的中心思想也不會偏離正軌。無論顧客、員工或當地居民，都能瞭解公司目標為何、有怎樣的特徵，以及每天從事哪些活動。

順帶一提，在本書中提及的公司，幾乎都擁有確實射往同一方向的三支利箭所打造的故事，足以打動人心。若非如此，無論怎樣的公司，都無法獲得人們支持，而且很難受到媒體青睞。

以本章提及的 Castanet、MaCO 和宮治豬肉三家公司為例：

★ Castanet 的三支利箭

抱負：以成為「社會公益活動和事業齊頭並進的企業」為目標。

獨特性的關鍵：儘管規模迷你，依然是全日本最致力於社會公益的企業。

㉗ 位於大阪市港區，一八三一年日本政府為安治川進行疏浚工程，將挖出的砂土堆積成為一座人工山，高度約有二十公尺，後來為了建設炮台而移除了部分山土，後又因地質下沉而使高度大幅下降。

㉘ 繪製地形圖的三角測量基準點，一般會設置在地區中視野範圍較大的地點（多為山頂）。一、二等三角測量多用於大地測量及科學研究，各邊長自數公里至數十公里。

動人的情節：

- 資助柬埔寨學校。
- 小型企業的企業社會責任報告書。
- 和國民一同努力的社會公益室。
- 支援社會公益的活動「KIFT[29]」。
- 企業吉祥物「Cast君」。

★MaCO的三支利箭

抱負：實現「麻姑搔背＝體貼入微的照護服務」。

獨特性的關鍵：提供其他照護機構所缺乏，與像住在自宅一般的照護服務。

動人的情節：

- 發行公關誌《MaCO NEWS》。
- 好前輩制度[30]。
- 豬木朝會[31]。

- 謝卡[32]。

★宮治豬肉的三支利箭

抱負：將一級產業翻轉為「帥氣、感動、能賺錢的新3K產業」。

獨特性的關鍵：舉辦烤肉派對，提供以「腹飼法」飼養的豬肉。

動人的情節：

- 從生產到將產品送入顧客口中的一貫化作業。
- 同時實現農業和地區活性化的典範。

㉙取自英文「gift」（禮物）和日文「寄付」（意為捐款）兩個詞彙的合意，是指消費者在網路上購買禮物時，該網站也會將相對應的金額作為捐款一併捐出的社會公益模式。

㉚MaCO知名的一項創舉，安排每位新進員工都能跟隨一位前輩學習，以「一對一指導」模式進行半年的現場教育訓練。而該前輩是僅有兩、三年經驗的年輕人，目的是為了讓雙方能夠擁有教學相長的機會。

㉛MaCO為了讓新進員工更有朝氣而舉行的活動。每天早上以「你好嗎？」等話語問候彼此，藉此誘發工作動機，目前於MaCO各分點機構進行中。名為「豬木朝會」是源自日本參議員（原職業摔角選手）豬木寬治的口頭禪：「你好嗎？」

㉜不僅顧客能寫謝卡、將謝意傳達給員工，員工也能藉由謝卡向顧客表達自己的感謝之情。

- 成立「非營利組織：農家子弟網」。
- 六本木農園[33]。

「三支利箭」的案例到處都有

只要確立了故事銷售的三支利箭，就能讓該公司、店家或商品的價值變得顯而易見。公司、店家或商品也將隨之閃耀著動人光芒。

為了實踐「不販售物品本身，而是販售故事」，並確立這三支利箭，使商品散發光彩是決定性的關鍵。我經常開辦「打造三支利箭工作坊」，讓學員練習覓得故事的璞玉和種子。

首先，學員必須設想一種「僅僅販售商品、難有差異化特質」的行業，接下來學員分組討論，若自己想以個人身分開店，會希望打造一間怎樣的店面，最後則是簡報大會。在這樣的工作坊上，我們總會看見許多新穎的奇思妙想。

所謂「難有差異化特質」，便是書店、酒商、家電行、文具店、藥妝店和加油站等行業。若要從事這些行業，便要討論出三支利箭，以戰勝大型連鎖商店。

學員需要發表五個重點：①店名（暱稱）、②文案、③抱負、④獨特性的關鍵、⑤動人的情節。只要將它們加以整理，人們便能輕鬆地想像出這是一家擁有什麼樣故事的店。

我們來看看工作坊中實際發想的一些案例。這次設定的行業為書店（已將工作坊學員的點子稍作變化）。

★型男堂書店

文案：下班後，來看看書、欣賞一下型男！

抱負：打造一家「撫慰因工作、家事和育兒而疲憊不已的女性」的書店。

獨特性的關鍵：所有店員都是型男（自稱也算），原則上僅有女性能入店。

㉝ 一家農業實驗餐廳，主張到全國各地尋找理念相同的農家，將當季的新鮮農產品直送至餐廳，製成料理後提供給消費者。該餐廳已於二〇一五年八月三十日休業。

動人的情節：

- 張貼型男店員相片的海報（刊載型男喜愛的作家、風格和興趣）。
- 提供型男店員的「沙發朗讀」服務。
- 型男店員可參與「指名No.1」活動，擁有自己的書櫃。
- 提供顧客能一邊喝點小酒、一面閱讀的空間。
- 店內設有托兒空間，顧客能將孩子暫時託付給擁有保母執照的型男照顧，悠哉地選書閱讀。

★「高齡者溫柔空間」書店

文案：全日本最溫柔的書店！

抱負：打造一家「讓沒車的高齡人士感到喜悅，讓來店消費成為一種生活價值」的書店。

獨特性的關鍵：不僅止於書籍方面，凡是令高齡人士感到困擾的事，都能為其解決。

動人的情節：

● 提供「將食品和書籍一同送到高齡者面前」的服務。
● 架上陳列著字體較大的書籍。
● 店內設置雅座，由店員遞茶送水、傾聽高齡者訴說往事。
● 定期為其孫兒提供書籍配送服務。
● 為期望再次學習的人們開設講座。
● 企劃旅行團，帶領高齡人士悠遊於書中提及的場景。

★讀書道場「柔」

文案：以「讀書界的柔道黑帶」為目標！

抱負：打造一家「將讀書的喜悅傳達給下一代」的書店。

獨特性的關鍵：只要將教練（店長）選擇的主題書籍讀完，就能獲得「級」或「段」等榮譽。

動人的情節：

- 依閱讀主題分組。
- 初段以上的消費者能獲得「黑帶」（書店特製的書衣）。
- 店內設置道場一般的名牌專區，由於消費者走進店裡便要翻轉名牌，店員馬上就能知道誰來到店裡。
- 買書是成熟的表現，讀完的書能捐贈到店裡，學生能以一百日圓借閱書籍。

★BM書店（Boy Meet Girl Books）

文案：一家能和真命天子（女）相遇的書店！

抱負：打造相遇機會，讓人與人之間有所聯繫，使地區活動更為頻繁。

獨特性的關鍵：一家提供「以書本為媒介，帶來多種相遇模式」的書店。

動人的情節：

- 舉辦以書本為主題的聯誼活動。
- 買了相同書籍的人們，能以紅線相牽。
- 舉辦團體活動，讓興趣相同的人們共聚一堂。

● 辦理座談會，邀請想聽故事的人們前來參與。
● 舉辦「造訪書中世界」的神祕之旅。

如果真要將上述任何一個企劃加以實體化，或許會遇上許多困難。但要是真有這些書店，不覺得很有趣嗎？

以現實狀況來看，目前幾乎所有連鎖型態以外的書店，都面臨某種困境。若只是稍微改變現行的營業模式或作法，根本不可能會有扭轉現況的戲劇性轉變，要是真的有，擁有破釜沈舟的決心或許還能協助你覓得出路。

目前為止，許多人都在討論如何活化書店的經營模式，但改變都僅止於書籍配置、改變服務等小插曲。儘管這些作法能短暫提高書店的營業額，但是都無法永續經營。

運用故事銷售時，由於確實加入了能體現價值的三支利箭，因此和那些小聰明的促銷手法有如天淵之別。能夠和抱負產生共鳴的顧客，將會成為粉絲；企業或店家本身，也必然會獲得媒體的關注。

當然，我們工作坊所提出的點子並不只限於書店，無論運用於哪個行業，都能帶來巨大商機！不妨在你的公司裡嘗試看看！

【名校觀點】哈佛商學院教授約翰‧科特

領導者或經營者為了讓公司企業維持穩定營運，通常都會在管理下很大的功夫，但有不少大師認為，不論是管理或經營，說故事的能力都很重要。有變革大師之稱的哈佛商學院教授約翰‧科特（John P. Kotter）就曾說：「不會講故事的企業家，就不會管理企業。」哥本哈根未來研究學院院長洛夫‧簡森（Rolf Jensen）也說：「創造以及訴說故事的能力，是二十一世紀企業必須擁有的最重要技能。」

日本和民餐飲集團在創業初期，就面臨員工表現不如預期、時常曠職或突然離職的困境。於是，創辦人渡邊美樹決定公開創業時的日記，分享了從事服務業時的經歷故事。結果，他成功獲得員工的認同與共鳴，不僅離職率下降，連營業額也節節攀升。

（※編輯部補充）

第 5 章

成功法則四：如何用故事來銷售？

——與消費者交心的七大魔法

一般銷售員賣商品，神級銷售員賣「自己」

在上一章，我們談到如何發現並確立公司和商品的故事。本章我想聊聊該如何宣傳故事，以及如何進一步與顧客打造深厚的關係。

請稍微想像看看：你是新幹線的商品銷售員，工作內容是推著小車多次往返車廂之間，販售便當、飲料、伴手禮和點心。該怎麼做才能提高營業額呢？

新幹線的商品銷售員是一份限制頗多的工作，不僅時間受到限制，顧客類型大致固定，而且商品種類沒什麼變化，幾乎都是在車站商店中也買得到的東西。然而，這些商品的價格卻設定得比一般商店的還高，根本無法降價銷售。

銷售員能做的很有限，通常都是等到乘客示意，才會停下腳步販售商品。充其量就是在被問到「便當和伴手禮有哪些種類」時，才稍微介紹。

但你知道嗎？有一群人竟能無視於如此艱難的工作條件，做出其他人三倍、甚至四倍的業績，因而被稱為「神一般的超級銷售員」！

她們究竟和其他銷售員有何不同？

案例》新幹線列車銷售員的話術，聽起來揪甘心

這些業績頂尖的銷售員，擁有許多獨特的銷售技巧。從準備工作開始，包含推動推車的方法和速度、與乘客之間的眼神交流，都有獨到方式。不過，這些都僅是枝微末節，真正重要的是本質上的想法。

她們的共通點在於，抱有「總之一定要讓顧客滿意」的概念。有別於一般銷售員的固定販售模式，她們必然會在銷售之餘再加上幾句話。

舉例來說，有位乘客想要買一杯咖啡，一般的待客方式是說：「請用，咖啡燙口請小心。」而神級銷售員就不同了，會在商品之外，加上某些訊息：「我們有剛沖好的咖啡！各位旅客，在新幹線車廂裡有現沖的咖啡喔！咖啡燙口請小心喔！」

如此一來，乘客會獲悉一些新資訊而心想：「咦？在車廂裡現沖啊？聽起來不錯耶」，搞不好還會與身邊的乘客討論。

透過乘客之間不經意的交頭接耳而衍生的愉快回憶，或是給予乘客額外的資訊，就能與顧客一同創造故事。

也就是說，她們販售的不是便當、飲料、伴手禮和點心這些東西，而是她們自己，以及與顧客之間產生的故事。

案例⑱ 新幹線上的神級銷售員

捨棄一成不變的制式應對，與乘客搏感情，就能一同創造出故事。

把消費者當戀人，你才會有感情

不僅限於新幹線銷售員，所有能夠創下旁人數倍業績的銷售員或業務員，都有共同之處，那就是有如戀愛一般、用眼神訴說的情感：「和顧客相遇真是件再快樂不過的事！」

我曾經採訪一位任職於出版社的女性業務員，她從新人時代開始，就不停地打破銷售紀錄。當時這位超級業務員斬釘截鐵地對我說：「書店是我的戀人。」光是想著要前往書店推銷，她的內心便悸動不已；踏入書店的那一瞬間，便有如女演員登上舞台一般地光耀動人；因為希望書本能在該店暢銷，便和店員一同絞盡腦汁該怎麼做。這些都讓她喜不自勝。

她和新幹線銷售員的相同之處，在於她確信自己販售的商品，能為對方帶來幸福。因此能夠和顧客相遇、進行銷售，自然成為一件令人雀躍的事，簡直就像是前去約會一般的喜悅。

對她們而言，顧客既非「神」也非「目標」，而是「戀人」一般的存在。如此一來，她們和顧客之間的故事便油然而生，成為一則幸福洋溢的愛情詩篇。

過去，曾流行過「雙贏」（win-win）這個詞彙。她們所追求的並非和顧客之間的雙贏，而是「甜蜜蜜」。一旦和顧客之間變成「甜蜜蜜」的狀態，再進行買賣，賣方也將有所改變。

首先，銷售會變成一件快樂的事。光是想到明天就能跟顧客見面，內心就充滿興奮和喜悅，自然也能讓銷售變得更加順利。

假使你的公司或店家能和顧客創造這樣的甜蜜蜜關係，那麼就算不絞盡腦汁、想方設法地行銷，生意興隆也將是必然的結果。

案例⑲ 出版社的超級業務員

不要把客戶當「敵人」，再怎麼廝殺只會兩敗俱傷；起碼當成「朋友」，為彼此著想的情況下才能創造雙贏。

將資訊透明化，讓人能放心親近

有一家在地啤酒（又稱精釀啤酒）製造商——在長野縣佐久市擁有釀酒廠的「Yo-Ho Brewing Company」，便是善用和顧客之間營造的甜蜜蜜關係，讓營業額有了驚為天人的大幅成長。

Yo-Ho Brewing Company 創立於一九九六年，屬於星野度假村旗下的子公司。據說創辦人創立公司的契機，是他在美國留學時，因喝了一口艾爾啤酒[34]而大受感動，心想：「我要在日本製造這種口感的啤酒！」這有點特殊的公司名稱，聽說是為了表現人們在輕井澤山中呼喊「美味的啤酒做好囉！」的模樣。

---

[34] 一種啤酒類型，又稱為麥酒或麥芽酒，口感濃烈，能喝得到果仁和水果、甚至巧克力或蜂蜜的香氣。

公司在草創時只有七人，沒有任何人有釀造啤酒的經驗，其中還包含了現任社長井手直行。創立隔年，名為「YONA YONA 之里」的釀酒廠開幕，開始製造、販售主力商品「YONA YONA 艾爾啤酒」。

在九〇年代，YONA YONA 艾爾啤酒因為有「在地啤酒」的光環眷顧，一開始就有亮眼的成績，但幾年過去後風潮不再，營業額便急速下滑。

風潮退去的原因有兩個。首先，當時發泡酒[35]正好打入酒品市場，原本價格就較高的在地啤酒，被認為相對昂貴，另一個原因是，在地啤酒在日本全國各地，種類氾濫、良莠不齊，濫竽充數的也不在少數。當在地啤酒大勢已去，YONA YONA 艾爾啤酒的營業額也瞬間一蹶不振，要打入國有品牌百家爭鳴的超市和超商等實體市場，幾乎是不可能的任務。這時，井手社長發現了網路行銷。

在當時幾乎沒有人運用的網路行銷，成了公司尋求活路的唯一手段。井手社長首先著手撰寫自家製造艾爾啤酒的商品故事，並將其放上網站、徹底傳達商品理念。故事的重要內容包含「如何釀造而成」、「是什麼造成絕佳的口感和香氣」、「和大型釀酒廠的啤酒有何不同」，以及「怎麼喝才最美味」等。

過去，他們以為已好好說明過這些問題，卻沒能在顧客心中留下印象，而井手社長如此宣傳商品故事後，表示「希望試喝一次看看」的顧客便逐漸增加了。其中喜歡 YONA YONA 艾爾啤酒口味的顧客成了回頭客，開始成箱購買，讓 YONA YONA 之里締造了輝煌的成績。

案例》在地啤酒透過交流活動，與顧客形成「甜蜜關係」

井手社長看見顧客反應轉好，於是念頭一轉：原本老是在討論的問題「該如何才能讓商品暢銷」，應該轉變為「該如何才能讓顧客開心」才對。如此一來，銷售和商品開發便有了共識。

YONA YONA 之里的商品都非常有特色，令人印象深刻。以在世界三大啤酒品評會上獲得金牌獎、評價甚高的「YONA YONA 艾爾啤酒」為首，每一款啤酒

㉟ 啤酒風味的發泡性酒精飲料，一九九〇年代崛起。和一般啤酒相比，價格較低、味道也較清淡易入口。

都充滿了獨特個性，例如「印度藍鬼」帶有一般人不曾體驗過的強烈苦味、口感讓人認為是英國黑啤酒的「東京 BLACK」、每次都以米麴或柴魚等不同材料製成的啤酒「SORRY！都沒問你喜歡什麼口味」，以及帶有柑橘系和香草風味的白啤酒「星期三之貓」等，都是其他品牌絕對品嚐不到的風味。

然而，能讓顧客成為粉絲，絕對不只是商品的力量。由井手社長帶領員工，在官網上創作、充滿玩心的文章和影片，才是讓客人變成死忠粉絲的最大主因。

在官網設置的 YONA YONA 艾爾大學，有 YONA YONA 之里的釀酒師熱誠地講課，訴說艾爾啤酒的魅力。在「釀酒廠虛擬參觀」的頁面，員工組成了一支史上最強的「釀造廠導覽團隊」，撰寫了許多介紹釀造廠的文章。就是這費心取悅顧客的努力，讓支持者隨之產生了。

為了強化和粉絲之間的聯繫，不僅在網路上，YONA YONA 之里也實際舉辦了許多員工和顧客之間的交流活動。二〇一〇年起開始舉辦的 YONA YONA 和平饗宴上，不只有井手社長，許多在網站上露臉或投稿的員工也出席了。由於都是網站上的熟面孔，即使是第一次參加的顧客也認為，感覺就像是跟熟悉的店員們談天說地。為了讓顧客之間也能有些互動，公司也下了不少功夫。

除了YONA YONA和平饗宴，大人的釀造廠參觀團、真實酒品釀造體驗和攝影競賽等，都是和顧客實際交流的活動。參加過的顧客無不感受到YONA YONA之里和自己的密切關係，也持續成為公司的粉絲。

此外，顧客一旦成了粉絲，便會自發性地向親朋好友推薦或贈送商品。對方很有可能因此愛上YONA YONA之里的啤酒，更進一步提升了支持者的數量。

「除了釀造啤酒要超認真、超頑固之外，其他的工作則千萬別忘了玩心！」以井手社長為首的全體員工，都貫徹了這條座右銘，以無論如何都要取悅顧客的心情，和顧客形成了甜蜜蜜關係。

案例⑳ 在地啤酒「YONA YONA之里」

以故事提升營業額後，若能為顧客多想一步，就有辦法讓雙方產生更多連結，因此也將創造更多不同的故事。

培養死忠粉絲，建起感情橋樑

知名的音樂人都擁有許多粉絲，而且粉絲也有各種不同的狂熱程度。有些輕度支持者會在YouTube看MV、到KTV點歌來唱；有些瘋狂粉絲只要該音樂人發行了任何東西，無論CD、DVD或散文書，全部都會購買，哪裡有演唱會就跟到哪裡。不過，有些中度支持者只擁有音樂人最暢銷的專輯，這樣的人應該很多。

對於知名音樂人而言，無論哪種程度的粉絲都有必要拉攏。即使瘋狂粉絲花了不少錢在週邊產品上，但也應該重視中度、輕度粉絲的數量，因為數量能彌補支持程度，比方說能否上電視、拍廣告，決定性關鍵還是在於粉絲的數量和廣度。

但是，對於那些狂熱內行人才知道的非主流音樂人來說，輕度支持者的數量再怎麼增加，依然無法帶來支持生活的收入，所以必須增加肯花大錢的狂熱粉絲數量。

這和知名品牌企業與小公司、小商家之間的關係頗為類似。若是知名企業，即使支持者的熱度稍嫌不足，也能以數量取勝；但對於小公司、小商家而言，光擁有輕度支持，無法帶來商機，所以必須將支持者變成狂熱粉絲才行。

狂熱粉絲會買下公司或商家宣傳的所有商品，並且進一步主動推薦給身邊的人。同樣身為粉絲的人也十分享受這樣的交流，有種「身在同一個社群」的快樂感，更會打從心底為企業的成長或興盛感到喜悅。

無論規模再小，只要擁有如此熱衷而瘋狂的支持者，公司或商家便能擁有生存下去的可能。

七大魔法讓消費者情不自禁，就是要愛你

會成為該品牌的狂熱支持者，其實就是一種愛上該品牌的表現。因為愛情本來就沒有道理可言，所以在商場上，能讓消費者「情不自禁地愛上自家公司品牌」，

才是最厲害的。

以下的說法，你可能也有過類似的感受。

「雖然不太實用，但就是對這個家電一見鍾情。」
「說不上來是為什麼，不過無論如何就是想要這個商品！」
「沒什麼特別的理由，就是每週都會想來這家店走一趟。」
「不知道為什麼，想說反正都要買，就想跟那個業務買。」

儘管如此，如果光用一句「請你情不自禁地愛上我」，這個話題就沒什麼好談了。

因此，在原本沒有道理可循的事物上，加上一些道理，使其成為法則，就是以下我們要探討的「愛情故事策略」。

愛情故事策略：和顧客相親相愛的七大魔法

魔法1：別販售物品，要販售故事！
魔法2：讓對方覺得「看起來好有趣喔」。
魔法3：完全訴諸五感。
魔法4：和顧客關係親密，一同採取行動。
魔法5：敞開自己的心。
魔法6：保留神祕的元素。
魔法7：儘管只有一%，也要持續提升顧客期望。

簡單來說，愛情故事策略就是將戰場移至不同於其他公司或商家的領域上，善加利用自己獨特的魅力，進一步讓客戶情不自禁陷入愛河的方法。

那麼，我們依序看看這七大魔法的內容。

魔法1：別販售物品，要販售故事！

由於這是本書一直探討的部分，在此就不再贅言。

魔法2：讓對方覺得「看起來好有趣」

試著回想一下你在國、高中時代上過的課。是不是依照每位老師的教法不同，課程的趣味程度就有如天差地別呢？即使是相同的科目或內容，老師的授課技巧都有所差異，有些課就是好玩、有些課就是無聊到不行。若是一門有趣的課，你上起來就是興高采烈、總是對那堂課期待得不得了。

為了和顧客之間譜出一段戀曲，第二大魔法就是讓對方覺得「看起來好有趣」。人都喜歡有趣的事物，看似有趣的地方、看似有趣的人，總是自然地會吸引許多人前往聚集。只要看看迪士尼樂園，就可以明白這個道理。

有趣能讓人感到愉快，比任何欲望都來得強烈渴求愉快時，便自然而然將腳步移往能給予自己愉快的人或地方。

雖然滿足生理上的需求便會感到愉快，但使心靈層面獲得滋潤也相當重要。通常人們在感到有趣時，精神方面也會覺得愉悅。

若你的公司或商家能讓顧客感覺「看起來好有趣」，他們便會想要嘗試一次看看。前文提及的 YONA YONA 之里的網站或活動，正是有許多人認為「看起來好有趣」，才會聚集而來。

此外，若能因實際體驗服務而感到愉快，便會希望再次體驗。你的公司或商家，是否能給予顧客愉快的感受呢？

魔法3：完全訴諸五感

有個詞彙叫做「海」。請試著想像看看，從「海」這個詞彙開始聯想，最先浮現在你腦海中的是什麼？

是藍色海洋或沙灘這類「風景」？還是海浪聲或海鷗鳴叫這類「聲音」？或是潮水帶來的「氣味」？抑或跳進海中、躺在沙灘上的「觸感」？在這當中，或許有些人會聯想到海水的「鹹味」。

要和顧客之間譜出一段戀曲，第三大魔法就是「訴諸五感，打動顧客的心」。眾所皆知，「五感」是視覺、聽覺、嗅覺、觸覺及味覺等五種感受。以動詞來描述，便是看、聽、聞、摸及吃。換言之，就是顏色、形狀、景象、聲音、氣味、觸感和味道。

在一般人獲得的資訊當中，有八〇％都能透過視覺得到。然而在視覺之外，也有許多情報是接受自其他感官。

相信有些人一定有過這樣的經驗：在嗅到特定香氣時，過去和該香氣相關的記憶便隨之甦醒。我們更能斷言，特別是女性傾向在視覺以外，對聽覺、嗅覺或觸覺的重視程度更高。不過無論男女，人類可分為「視覺優先」、「聽覺優先」和「其他感官優先」三大類型。

前文所述，透過「海」這個詞彙進行聯想，正是瞭解自己是哪種感官優先的簡單測試。聯想到風景的人屬於視覺優先，聯想到聲音的屬於聽覺優先，而其他聯想到氣味、觸感和味道的人，則是傾向於其他感官優先。

許多商家都重視視覺資訊，卻忽略了其他感官資訊。尤其是在電子商務等網站上，也幾乎都是視覺資訊。

一旦人類最敏感的感官被刺激了，情感便會油然而生。不過，並非所有顧客都屬於視覺優先的類型，所以若能夠多加留心，刻意刺激視覺以外的感官，你的公司或商家便能成為和對手截然不同的存在。

僅僅訴諸五感，就能讓顧客對你動情，更能提高他們對你「墜入愛河」的可能性。你公司或商家的宣傳，是否對顧客們訴諸五感呢？

魔法4：和顧客關係親密，一同採取行動

回首過往，請你想想過去曾交往過的對象。你是否為了某種理由，總是和相處時間較長的人交往呢？（關於「交往」，過去僅限於物理上的同一空間，現在也包含在網路等空間相處的時間。）

戀愛和距離，有著密不可分的關聯，據說兩人距離愈近，愈容易形成戀愛關係。因為人類只要重複接觸，就會對對方產生好感，印象也會隨之加深。這樣的「單純接觸效果」，來自一九六八年美國心理學家羅伯・查瓊克（Robert Zajonc）在論文中提及的「曝光效應」（mere-exposure）。

還有一條重要的法則和曝光效應相同，那就是「相似法則」（similar law）——人類容易親近和自己有某種共同點的對象。興趣也好、出身地也可以，任何共同點都行，就像社團活動一般，和夥伴一同行動更能產生巨大的效果。人類有種習

性，只要雙方屬於同一個團體，就會有更加親密的感覺。回想學生時代，同一個社團中總會容易促成情侶檔，便是印證這個道理的最佳例子。

在商場和生意的世界中，這兩條法則也相當有效。只要單純地增加接觸次數，就能讓顧客對該公司或店家產生親切感。即使顧客不是親自來到店裡，透過ＤＭ、電子報、部落格或社群網站等方式，對提升接觸頻率都有很好的效果。

然而，和戀愛的道理相同，若你是對方喜歡的對象，採取親密手段會讓對方感覺親密，但若你是對方討厭的對象，就只會造成反效果。請先確認好該顧客是否喜愛你的公司或店家，再靠近對方吧！

只要你的公司或店家和顧客成為夥伴，親密感便會加倍提升，說得更具體一些，就像是打造了一個以你公司或店家為中心的社群團體。如此一來，宛如羈絆一般的感情便油然而生，顧客就會願意買下你的商品。只是，這和過去的「顧客維繫」並不一樣，也和以販賣或行銷為中心的電子商務聯繫方式不盡相同。

要打造一個能和顧客共譜戀曲的社群團體，就必須為他們提供一個「感覺窩心」的領域。利用社群團體最重要的關鍵，就是要讓參與的顧客感到處於優勢，例如「好開心」、「真有幫助」或「大家都很認同」。

你的公司或店家，必須提供顧客「愉悅」或「好處」，並且加以貫徹。要是過度強調「希望你購買我們家的產品」，必會招致失敗。

某個城市的一家酒商，過去主要都向居酒屋等餐飲店提供貨源，但終究因為陷入低價競爭，使得經營狀況危機重重。這時，他們退回原點思考：究竟能夠提供什麼給合作的餐飲店？

經過一番調查後，他們才發現，原來餐飲店都希望能獲悉其他店家的情報。但是店員都很難請假，實在不容易前往其他店家進行探查。

於是，該酒商便做了一份以合作餐飲店為發行對象的報紙，將其他餐飲店最熱銷的菜單等資訊都做成報導，更進一步舉辦讀書會。主題包含人氣店家介紹，或是邀請講師開辦研討會等，都吸引了大批參加者蜂擁前來。

結果，位於這個社群團體中心的酒商，營業額自然蒸蒸日上。你的公司或商家，是否和顧客一同採取某種行動呢？

魔法5：敞開自己的心

你曾有過這樣的經驗嗎？和人聊天時，當對方向你說了自己的祕密或弱點時，你也不由自主地說出了自己的祕密或弱點：「哎呀，其實我也是這樣耶……。」

這樣揭露自己內心想法的行為，在心理學中稱為「自我揭露」（self-disclosure）。由於習性使然，一旦對方毫無掩飾地表露自我，我們也會卸下心防，想向對方揭露自己的內心世界。

戀愛也是如此，經常是從某種自我揭露展開。在商業或生意上，這樣做也具有相當效果。因為無論面對不認識或認識的人，人們總會比較信賴後者。換言之，在商業或買賣上，自我揭露是產生「獨特性」和「差異性」的一種手段。

使用在商業上的自我揭露，可以考慮包含以下細節：名字、相片、年齡、生日、血型、住址、家人、出身地、學歷、工作經歷、興趣、喜歡的音樂、書、電影、座右銘、尊敬的人、開始工作的契機、目標或抱負等等。

自我揭露也有許多不同的方式。以往在見面閒聊、書信、傳單或通訊刊物上，都鮮少有表露自我的機會，而今有了臉書、推特和部落格，能夠讓人訴說內心世界的媒介已大幅增加，便能以更自然的形式表達自我。

刻意自曝其短、老實說出自家公司或商品的缺點或短處，這種自我揭露也是種有效的方式，反而更能贏得顧客的信任。

儘管如此，也並非所有細節都適合自我揭露。唐突的「告白」會讓對方感到困惑，這個道理無論在戀愛或商場上都通用。見面時明明個性穩重，在社群網站上卻用詞偏激，更會讓對方感到莫名其妙。此外，避開政治或宗教話題，才是穩妥實在的做法。

首先，選用適合自己個性的媒介，再將一般能夠獲得共鳴的事情揭露給大眾，是比較恰當的方式。你的公司或商家是否對顧客進行自我揭露，藉以和他們共同營造親密的關係呢？

魔法6：保留神祕的元素

假設一個情況：你必須在某個派對場合上表演一項絕技，最後你決定表演魔術，也拚命練習，在正式演出時非常順利，獲得滿堂彩。

這時，或許會有很多人用熱切的眼神懇求：「為什麼」、「告訴我是怎麼做的」。如果你說著：「要是你們這麼想知道的話……」，魔術祕密就公開了。然後，許多人會擺出「什麼啊……」般明顯失望的神情，於是你剛才的光彩盡失，魔法也在那一瞬間解除。

在第五大魔法中，我們強調了自我揭露的重要性，現在你或許會感到矛盾，但其實我要說的是：並非所有事都得坦白。

人們一旦認為已瞭解對方的全部，便會感到索然無味，因此保留部分神祕感，才能讓「愛情」長存。在電視上看到的知名魔術師，之所以會閃耀著迷人的光彩，正是因為我們搞不懂他的伎倆。

一旦破解了所有伎倆，他的光彩便瞬間消逝得無影無蹤。說到底，知道祕密的觀眾絕對不會感到幸福，只有「什麼啊……」這種失望的心情罷了。對顧客而言，瞠目結舌、感到驚訝不已：「太神奇了」、「為什麼會這樣」，才是真正的幸福。

「祖傳祕方、祕傳醬料、新商品情報」這種帶有神祕色彩的部分，才能誘發人們對你的興趣。在你的公司或商店，是否有這種任誰都想一探究竟的神祕元素呢？

魔法7：儘管只有一％，也要持續提升顧客期望

想像一下，如果發生以下這件事，你會有怎樣的感受？

你和一位友人來到居酒屋聚餐，服務生送上了一道蔬菜棒小菜，必須沾味噌一起食用。那味噌實在美味極了，於是你向負責服務的女店員隨口說了一句：「這味噌還真好吃呢！」對方回答：「這款味噌是○○產的，非常受歡迎喔。」

當你們吃完其他料理結帳後，正打算走出店家時，剛剛那位女店員追上前來，給了你們一人一個小袋子，帶著微笑這麼說：「這是我們那份小菜用的味噌，您剛剛說很好吃對吧？雖然只有一些，如果不嫌棄請帶回家享用。」

這時你會有什麼感覺？相信有很高的機率，你會感到怦然心動、非常開心吧？想必也一定會再度光顧這家居酒屋。

人們在購買某項商品或接受某種服務時，總是會無意識期望：「大約就是這種程度吧。」

只要商品或服務符合了期望，人們就會感到滿足。但儘管如此，卻並不會湧現任何特別的情感。而且很遺憾地，那份滿足的情緒很快就會被遺忘，也不會讓他們

成為回頭客。

人的情緒之所以波動，都會是在商品和服務高或低於期望之時。要是低於期望，便會感到不滿。若是商店，也不會再去第二次了吧？要是遠遠低於期望，更會感到憤怒難平，有時更甚至想要提出客訴，不是嗎？

但要是高於期望，又是如何呢？只要超過普通滿足的程度，便會感覺心動，說得更通俗一些，你會記得那一份感動。前文所提到的味噌，由於是原本完全出乎意料的服務，才會讓你感到怦然心動。

然而，還有一件事希望你留意，那就是別讓那份感動高於期望太多。

再以前文提及的居酒屋為例，要是你說「這酒還真好喝呢」，對方就送你一瓶容量一．八公升的酒又會如何呢？你反而會提高警戒心，認為其中必有詐。

況且，一旦期望提高了，就會成為比較的基準。回到剛剛那家居酒屋，若下次店家又送了相同的味噌，你也不會有第一次那麼感動了，因此更需要在其他方面提高期望才行。要是一開始就過度提高期望，和顧客之間便不會有任何後續發展，因此第七大魔法是：儘管只有一％，也要持續提升期待值。

只要一點點、稍微一點點就可以了。一旦發生了預期之外的事，顧客就會感覺心動、對你湧現特殊情感，成為該公司或商家支持者的可能性便將大增。

假使你的公司或商家每天都實施這條法則，半年、一年後，必然會產生驚人的成果。

實戰上，這樣具體發揮愛情故事策略

該如何具體運用這些愛情故事策略呢？在此我們以一家虛構的花店當作範例，試著思考看看。

假設店名叫做「蕭邦」，該店女主人過去曾以成為鋼琴家為目標，特別喜歡蕭邦的曲子。

在鋼琴發表會時，她曾受到聽眾送來的花束鼓舞，但成為鋼琴家的夢想卻受到阻礙。之後她結婚、成為家庭主婦，這麼生活了一段時間，直到養兒育女的職責告一段落，開始想要擁有一家自己的店。這時，在她心中浮現的是開一家花店。

她希望藉由花朵帶給人們朝氣，讓下一代的孩子們透過花朵怡情養性，成為情感豐沛的人。現在，請你把自己當作這家店的女主人，思考一下吧。

魔法1：別販售物品，要販售故事！

首先，最容易做到的是，訴說一個關於「花朵」這項商品的故事。以鬱金香為例，花卉歷史、顏色、品種和花語自是不在話下，或許也能撰寫培植方面的優缺點。若想傳遞這些資訊，透過網路與店鋪本身是最理想的做法。

接著，必須要宣傳店長自己的故事。首先，將前面提到關於「音樂和花朵」的過往，化為一段故事。內容包含音樂和花朵的關聯、開花店的初衷和關於店名的想法等等，當然相片也要確實出現。

至於宣傳手法，你也希望能透過網站和部落格等方式經營，或是製成海報或小手冊，放在店鋪中讓顧客看見吧。

這時，請專注於故事銷售的三支利箭。首先，最重要的是明確表達你的抱負和處世之道：希望透過販售花朵影響社會。接著，更該展現獨特性的關鍵，說出自己的花店和其他花店有何不同之處。

到此為止，是最低限度想要加以宣傳的故事。至於動人的情節，只要實踐了魔法2到7，自然就會產生了。請好好收集、掌握這些要素，再傳遞出去吧！

魔法2：讓對方覺得「看起來好有趣喔」

不管是在網路上或實體店鋪中，請展現出你希望讓別人覺得有趣的地方。為了達到這樣的效果，你和店員都必須展現出自己的個性才行。首先從張貼相片、發表喜愛的花卉、音樂和興趣這些小地方開始。

接下來，在部落格、店鋪傳單和電子報中撰寫各式各樣的報導，傳遞給消費者。比方說，許多顧客都不知道的「花卉批發市場祕辛」，這樣的報導聽起來就滿有趣的吧？

一年當中，還有許多不同季節活動與致贈花卉的機會，例如新年、西洋情人節、女兒節、白色情人節、賞花時節、兒童節、母親節、父親節、敬老節、中秋節、賞楓時節、萬聖節和聖誕節等等。只要這些節慶將近，就改變一下擺設。此外，各類節慶活動適合選擇哪些花卉？要送怎樣的花朵能夠取悅對方？請在店鋪和網站上給予顧客不同的建議。你也可以透過生日用花的相片或圖畫，呈現各個季節的變化，讓顧客一目瞭然。

為不同的花束取名也是個很棒的作法。以這家花店的概念來構思，因為店名叫做「蕭邦」，花束就以樂曲命名如何？

可以取「蕭邦第二號夜曲」、「莫札特第十三號小夜曲」這類古典樂風格的名稱，或是以日本流行音樂歌曲來命名，像是「獻上愛的花束[36]」、「在世界終結的夜晚[37]」、「未來預想圖Ⅱ[38]」這樣的花束，感覺也很不錯！然後每天逐一上傳到部落格，以限量發售的模式來宣傳，搭配CD一同銷售，應該也很棒吧！

還沒完呢！還有許多看起來好有趣的點子，等你開發出來喔。

魔法3：完全訴諸五感

一家花店，最重要的當然是第一眼見到的視覺印象，如果再錦上添花一番，利用背景音樂提供顧客聽覺享受，或以氣味給予嗅覺刺激，也是相當有效的作法。

即使是在無法實際聽見店內背景音樂、聞到花香的網路上，你也可以將某種刺激視覺以外的感受寫成文章並上傳。或是和葡萄酒或巧克力一同組成商品販售，也是一種刺激味覺的方式。

由於店名是蕭邦，因此店內背景音樂一定要選用蕭邦的曲子，擺設則用CD、唱片來裝飾，包裝紙可以選用樂譜圖樣，或許還能夠讓顧客有種自然聽見樂音的感受。

魔法4：和顧客關係親密，一同採取行動

為了在日常生活中享受花卉帶來的樂趣，你也能透過各種活動，和顧客一同度過愉快的時光。

㊱日本雙人組合「Superfly」於二〇〇八年推出的單曲，描述女子主動向戀人獻上花束的愛戀心情。

㊲日本二人組女子搖滾樂隊「恰萌奇」（Chatmonchy）於二〇〇七年發表的歌曲，講述面對世界末日的心情，以及對於生命的態度和想法。

㊳日本音樂團體「美夢成真」（DREAMS COME TRUE）於一九九〇年推出的歌曲，訴說戀人之間共同描繪的未來藍圖的模樣。

若你期待透過花朵，提供感性教育給下一個世代的孩子，在野外舉辦「親子共享的野草花束」之類的活動，也是個吸引人的方式。

由店家主動舉辦聚會來招募會員，說不定也是可行的做法！例如：「丈夫在結婚紀念日為妻子獻上花束」的聚會、「別害羞，送出花束吧！——母親節致贈豪華花束」的聚會。

若這些聚會能夠得到廣大迴響，相信也能夠成為媒體青睞的話題。

此外請顧客拿著購買的花束，拍下他們笑容滿面的相片，張貼於店鋪或網站上，應該也很棒。然後，針對願意協助拍照的顧客，送上可在下次消費時使用的商品券。這樣的利益贈予，或許可以讓他們更願意成為回頭客。

魔法5：敞開自己的心

透過部落格、社群網站、電子DM、店鋪傳單和電子報等方式，將你的日常活動與花卉構想宣傳出去。這讓你自然而然地敞開心胸，願意自我揭露。

偶爾，你也可以坦承自己的弱點和困境。即使說出「因為我不小心把某種花進貨太多，所以剩下不少庫存，好煩惱喔！只好便宜賣掉了」這類話語也無妨。

魔法6：保留神祕的元素

在自我揭露之外，保留一些神祕的元素也相當重要。

比方說，店內裝飾著一張男性的黑白相片，即使顧客問了「這是誰」，身為店長的你只是淺淺一笑，並不打算回答。此外，每天在展示櫃中裝飾一把小巧可愛的花束，但那是絕對的非賣品。

不覺得這樣頗有神祕感嗎？儘管你並不需要勉強創造神祕元素，但不如回想自己的故事，將能夠成為某種謎團的部分保留起來吧！

魔法7：儘管只有一％，也要持續提升顧客期望

請你站在顧客的立場思考看看，一家花店為你做了什麼，會讓你感覺悸動，又會想和他人分享呢？那是一點小禮物、一句招呼語，還是什麼？

隨著時光流逝，一封簡單的信也會讓你心動不已。請務必想想究竟該做什麼，才能成為那「超越一％期望」的服務？請把自己當作顧客來思考看看！

在這家虛構花店設定的愛情故事戰略，讓你感覺如何呢？只要持續這樣的策略思考，你和顧客之間的愛情必將隨之誕生。

【名師觀點】現代管理學之父彼得．杜拉克

現代管理學之父彼得．杜拉克（Peter F. Drucker）認為「沒有顧客就沒有企業」，只有顧客才能給予企業資源、賦予企業完整的形象，企業必須確實了解顧客物質與精神上的需求，並建構能得到認同的價值觀，來吸引顧客。

亞馬遜創辦人傑夫．貝佐斯（Jeff Bezos）最著名的經營理念之一，就是「顧客第一」，並秉持要努力改革，讓已習慣滿足現況的顧客得到更好的服務。因此，他不只在IT產業泡沫化之際，不顧反對聲浪，堅持將資金投注在改善顧客服務上，還提出破天荒的要求：「每位員工都要學會客服工作」，就連管理階層的數千名員工，每年都要到客服中心受訓。

（※編輯部補充）

第 6 章

成功法則五：什麼是故事銷售的核心？

——一切都要從「人」出發

通用的銷售核心：人＋商品＝故事

目前為止我們說了許多關於故事銷售的方法，在這最後一章裡，我想談談這當中最簡單卻也最重要的一件事。

請回顧一下前面五章我所舉出的公司案例：

販售「新進採購員所發掘如同蜜桃般甜美的蕪菁故事」的電子商務網站。
販售「決定要繼承父業」的納豆製造商。
販售「緩解孟加拉農民貧窮困境的豆芽菜」的食品公司。
販售「為顧客提供大量日本文化體驗」的北海道飯店。
販售「和許多社員一同享受檸檬培植樂趣」的園藝用品店。

販售「社長期望對社會公益有所貢獻」的事務機器販售公司。

販售「費心取悅顧客」的在地啤酒公司。

發現了嗎？無論是哪家公司，都有一項共通之處——是的，那就是「人」！

請稍微思考看看，在小說、電影或戲劇中，所有的故事都有人物登場（擬人化的動物、植物、自然和加工品，也算是「人」的一種）。因為有人物登場，才能成為一則故事。簡而言之，將「人」加諸商品之上，就能成為故事。

只要知道這單純的原則，你就能夠利用故事來銷售。

接著，再讓這個故事依循黃金法則，並且配備三支利箭，再描繪出和顧客之間的愛情故事，便能和顧客一同創造固若金湯的關係，讓商品持續暢銷。

當然，販售是一種對外的行為，但像是對公司內部進行理念滲透的「內部品牌行銷」，將人加諸商品創造出的故事更有所助益。

為了「期待以故事來銷售」、「希望利用故事整頓軍心」的公司和商家，接下來，我將一面透過實際案例，一面具體說明該如何才能將人加諸於產品上。

經營者、公司、商品，是找故事的捷徑

與公司、商品或社長等經營者歷史相關的構思，能夠成為強而有力的故事。這是小型公司在利用故事銷售時，應該盡可能從頭開始著手的一大重點。

舉例來說，有一家資源回收公司的總公司設於某城鎮，但沒有開設實體店面，而是在網路上完成所有資源回收工作。他們以宅配方式，購買顧客家中不需要的書籍、CD、DVD、包包、鐘錶、貴重金屬或寶石飾品等，再利用電子商務網站進行販售。

他們買下顧客不再使用且棄之可惜的物品，再販售給需要的人們，來獲取利益，並且建立「捐助非營利組織」的機制，對環境保護等社會問題貢獻良多。在實質意義上，這家公司一直以「實現資源循環型社會」為目標。

K社長原本在一家大型製造商工作，構思了這種商業模式後便開始創業。在公

司成立之初的二〇〇〇年，利用宅配購買商品的服務還相當少見，也沒有任何同業公司走上這類事業的軌道。

當初，K社長說要以這種商業模式開立公司時，周遭親友都極力反對：「這絕對做不起來！」

但K社長依然確信，這種模式具有足以改變世界的潛力。在創業後，公司曾多次遭逢危機而連續六年虧損，但到了二〇一〇年左右，事業終於步入軌道，成為網路資源回收領域中的領導品牌。

然而K社長覺得，自己並沒有將關乎事業的想法、對未來的期許，確實傳達給員工。而且，當時還有其他頗具實力的物流企業急起直追，讓他產生備受威脅的危機感。再加上為了登上自己構思的嶄新舞台，他認為必須和許多其他企業一同合作才行。

於是，他將自己的生命歷程，以及對事業的構想、理念和遠大目標都化為故事，拍攝成一支十分多鐘的影片。

當這支影片在公司內播放，許多員工都熱淚盈眶，那一瞬間，K社長的想法已然深刻烙印在全體員工的心中。他也發現還有許多期望訴說的心情沒有確實化為故事，也尚未傳達給所有人。

於是，K社長將那些想法都寫成文章，在《日本經濟新聞》刊登全版廣告，產生了巨大迴響，許多合作廠商都相當認同K社長的理念。

此後，願意支持這份理念的公司持續增加，使影片和報章廣告成為絕佳的宣傳武器，時至今日，該公司更將飛往嶄新的舞台。

案例㉑ 資源循環平台的K社長

為了確實傳達公司的構想、理念和願景，首先要把故事傳達給員工，再來就是合作夥伴，如此一來，願意認同的人們自然會聚集，行銷也能順利進行。

用人性打動人心，員工也會有動力

如同前文所述，「宣傳經營者的想法」相當關鍵，與此同時，「觸發員工的動機」也非常重要。只要員工有了動機，不僅能和顧客之間產生良性影響，更能使商品或服務持續暢銷。

要提高員工的工作動機，相當有效的做法是從關注開始做起。舉例來說，有一家位於下雪地區的住宅建設公司，採用當地木料製造的高效隔熱保溫建材建造房屋，深獲業界好評，售後服務也從不馬虎。由於社長本身是木工出身，擁有職人氣質，眾所周知工作起來一絲不苟，於是口碑傳開後工作訂單不斷。乍看之下公司生意相當興隆，然而社長卻有個煩惱：前來實習的木工和師傅一直都不穩定，也經常被客戶討價還價。由於他們從事的是耗費人力的精細作業，因此一直無法獲取想像中應有的利潤。

明明建造了品質精良的房屋，也擁有許多故事的璞玉和種子，他們卻沒能夠好好地傳達。因此，首先應該制定穩定木工和師傅實習作業的對策。以這個建設公司為例，社長最重要的考量是，必須先讓木工們對自己的工作感到驕傲，讓他們深深認為自己打造的房子是一項作品。

對於下訂單的顧客來說，率先映入眼簾的是這些職人工作時的姿態。所以，無論怎樣對外宣傳漂亮的理念，要是在工作現場的職人道德感低落，就完全沒有說服力了。

於是，他決定要大幅修改公司網站和宣傳手冊的相片。過去選用的相片淨是些商品（房屋）影像，幾乎沒有人物的身影。他們改為陸續放上工匠和師傅們的相片，更進一步雇用專業攝影師，將他們賣力且帥氣的工作模樣拍攝下來。接著，思考每一張相片的文案標題，開始介紹職人的檔案。如此一來，工匠和師傅的工作動機，必然會產生令人震撼的變化。

由於該公司的案例仍是現在進行式，要看到結果或許還需要一些時間，但讓員工對自己的工作有所認同，相信一定會在工作上產生相當的穩定度。

對顧客來說，能看見工匠和師傅的臉龐不僅備感安心，更有種莫名的吸引力。不論是在公司內部或是對外，都能預見將產生巨大成效。

案例㉒ 位於下雪地區的住宅建設公司

光看建築物的外觀，無法察覺其中一磚一瓦的用心；但透過照片，以「人」為媒介傳遞理念與訊息，既能讓員工本身獲得成就感，也能讓故事更容易被看見。

案例》海報中放員工燦爛的笑容，比放商品特價更有效

位於愛知縣豐橋市住宅區的「一期家一笑」，是一家約莫八十坪的小型超市。它的面積僅有一般超市的四分之一，價格完全不及大型超市低廉，商品種類更稱不上應有盡有。

走進超市裡，首先映入眼簾的是商品說明海報，其中必然刊登計時員工的相片。來到壽司專櫃，在文案「請讓我為您捏製壽司」的旁邊，放著一張店員拿著一張紙的相片，紙上寫著：「無論幾人份都可以喔！」

走近鮮魚販售專櫃，看見一張海報說明黑鮪魚、大眼鮪魚及黃鰭鮪魚的差異，一旁還貼著一張店員高舉紙牌的相片和文案：鮪魚的祕密。

日式家常菜專櫃則張貼一張露出燦爛微笑的店員相片，文案是：鶴千年，龜萬年，我當主婦四十年，但說到做菜，還是我老練！

或許你偶爾會看見超市裡張貼著產銷履歷農家的相片，但是像這般到處貼滿店員相片海報的超市，就很少見了。

十年前，大型超市進駐豐橋市住宅區，鄰近有四家中小型超市受到衝擊而倒閉。就在那個時候，一期家一笑的社長杉浦國男做出一個重大的決定：打造一家當地居民不可或缺、和生活緊密相繫的超市。二〇〇八年，該超市以重新改裝為契機更換店名，以「超本土」為經營理念，將目標族群鎖定在方圓五百公尺內的居民。店鋪裡刻意掛上誇張的招牌，寫著「超級本土超市」。

在許多策略當中，社長的兒子杉浦大西洋製作「由店員登場說明商品」的海報，以拉近顧客與店員之間的距離。為了加深與當地居民的情感，也舉辦許多活動。這些策略讓店員都認得顧客，雙方產生「認得長相、熟知姓名」的關係。

現今，許多媒體將一期家一笑，報導為「一家店員能記住顧客姓名，並上前攀談的超市」。從顧客角度出發，看見海報上熟悉臉龐所推薦的商品，會產生一股親切感。當初店員們不願意在超市裡張貼自己的相片，如今卻是所有人都爭先恐後地想要登場。因此，我們瞭解：將人加諸商品之上，故事便會誕生。

案例㉓ 一期家一笑的店員海報

與其推銷產品，不如推銷店員，當店員與顧客相互熟悉之後，就會誕生故事，而且由熟悉的人推薦的商品，能讓顧客更願意買單。

案例》將人和自然融入商品，價值就會提高

「新潟農園俱樂部」是一個情報網站，專門販售新潟上越市頸城地區梯田所種植的稻米，這個網站的特徵在於它販售的商品，並不僅僅限於米。

在一般銷售米的網站上，刊登商品包裝相片是一件再稀鬆平常不過的事，但在新潟農園俱樂部，你完全找不到任何一張這樣的相片。取而代之的是人物、風景等畫面，而那些人物都是稻米生產者，或是前來體驗農業生活的人們。

此外最特殊之處，就是當地的「梯田認養制度」。梯田是一種開拓丘陵斜面後加以分層的田地，這個認養制度是在梯田中劃分區域，認養人每年繳納認養金，但收穫的米全部都歸自己所有。

由於新潟農園俱樂部的契作農家會負責種植稻米，因此認養人完全無需負擔水田管理或設備投資等費用，即可成為田地的主人。

契作農家會將簽訂契作梯田所收穫的米直接配送到府。一旦成為梯田的認養人，便能在自己認養的土地上免費體驗插秧、割稻等農業生活。若能帶著孩子一起

去，將是十足難能可貴的經驗，夏天可以在田地周邊的山林裡散步，到了夜晚，還能看見螢火蟲閃閃發光。

若單就米的價格來思考，「在需要時才購買家人食用的分量」還比較划算吧？然而，成為認養人的顧客不僅購買米，也購買了擁有梯田的滿足感，以及享受農家樂趣的諸多體驗故事。

案例㉔ 新潟農園俱樂部的梯田認養制度

即使是相同的東西，自己有出一份力、投入情感，就會衍生出原先除了價格之外的情感，而這份情緒上的滿足感，若要用稍微高一些的金錢換取，通常消費者都會願意買單。

透過「顧客的心聲」宣傳，可信度自然提高

若說到將人加諸商品，總會聯想到社長、生產者、店員這類銷售端的人。但透過「將購買端的人（也就是「顧客」）加諸商品」的方法，也能創造出好故事。

看看以下的例子：有一家位於東京的廣告製作公司，官網滿滿的都是顧客的心聲。無論哪一則短文都放了顧客的相片，還詳細記載了合作流程，包含他們是以怎樣的動機交辦廣告案、實際成果如何等等。說得誇張一些，就是每位顧客的心聲都化成了故事。

在一般的廣告製作公司網站上，幾乎看不到這樣刊登客戶相片和委託動機的內容，大部份都是已對外公開的作品相片。然而，對一個初次提出委託的客戶而言，光看這樣的內容，還是難以想像公司有多少能耐。

不過，一旦以前述形式大量置入顧客的故事，很容易就能看見貼近自己需求的案例。由於能夠實際感受該案顧客的委託動機、案件成果，因此即使是初次合作的客戶，洽談意願也將提高。

正因為「廣告製作」是閱聽人肉眼難以見到的無形商品，透過「顧客心聲」這樣的故事來宣傳，成功便指日可待了。

案例㉕ 東京某廣告製作公司的「顧客的心聲」

就像現在的人會藉由「爬文」來獲取資訊，只要實力經得起考驗，公開顧客的真實評價與回饋，反而是為自己加分的大好機會。

你知道客戶想看什麼嗎？探索冰山下的需求

你應該曾在書店看過，被塑膠收縮膜包裹起來的漫畫和雜誌吧？進行這種塑膠膜包裝的機器，稱為「收縮膜包裝機」。有家叫做「DAIWA HIGHTECHS」的公司，製造的正是以書店為主要目標客群的機器，而且在業界擁有超高市佔率。

這家公司旗下有一份情報誌《Daiwa Letter》，以季刊形式發行給各家書店客戶，內容的特色是完全不提及自家資訊和商品，都是書店和店員的採訪報導，也介紹全國各地許多舉辦有趣活動的書店。也就是說，這是一本滿載了「書店和店員故事」的情報誌。由於廣受好評，每一期《Daiwa Letter》都讓許多書店店員等得望眼欲穿。

《Daiwa Letter》在十多年前創刊之際，只是一本以自家商品為主題的情報誌。然而，即使將這樣一本刊物親自送往書店，也幾乎沒有獲得任何回應。

所以 DAIWA HIGHTECHS 開始思考「顧客究竟想要看什麼」，才發現他們最想知道的是「其他同業的資訊」，於是逐漸增加和書店有關的報導。直到前幾年，

《Daiwa Letter》才轉型為一本刊載書店和店員故事的情報誌。

這份情報誌的成功祕訣是：不選擇推銷自家商品，而是說某家書店和店員的故事。「DAIWA HIGHTECHS」在業界的市佔率仍舊持續攀升當中，他們就此贏得書店的信賴。

案例㉖「DAIWA HIGHTECHS」的情報誌《Daiwa Letter》

如果一味灌輸自己想要對方關心的事物，但沒有人接受就是白費工夫。唯有站在消費者立場，提供他們真正想要的東西，他們才會願意停下腳步。

與顧客之間的小故事，是無價之寶

我採訪公司時，經常問這樣的問題：「請問是否有什麼小故事，是和顧客共同創造又能展現貴公司的風氣？」因為只要一段具體情節，就能讓閱聽人認同。

此時，能立即適切回答的公司，便很可能擅長故事銷售。然而，即使是能宣達崇高理念的公司，也經常無法呈現這般具體的故事內容，相當可惜。因為和顧客一同創造的小故事，可說是公司的無價之寶。

讓我再說一段小故事：時間回到一九九八年的長野冬季奧運，當時觀光客和報導媒體蜂擁前往主辦城市長野，讓當地的計程車業界面臨了空前的高需求狀態。

各家媒體爭先恐後地向計程車公司預約包車服務，總部設於長野的計程車公司「中央計程車」也是預約滿滿。此時，一位員工提出這樣的問題：「在冬季奧運期間，一直搭乘我們家計程車去醫院的那位老奶奶該怎麼辦？」

以這個問題為契機，公司內部開始議論紛紛：「難道要將那些總是搭乘我們計程車的市民棄之不顧嗎？」於是經營者決定：婉拒包車預約，完全依照過往模式進行接送服務。

當時在長野縣僅有中央計程車拒絕包車服務，所以在冬季奧運期間，其他同業都達到平時的三倍業績，讓中央計程車的載客量望塵莫及。

然而冬季奧運一結束，觀光客和媒體也如同潮水退去般離開了。此時，過去搭乘其他同業計程車的顧客，卻決定選擇搭中央計程車，讓公司的業績比奧運之前更好。

中央計程車在一九七五年創業時，就以「顧客優先，利益在後」為經營理念。光是看這句話，或許多人認為：「這只是漂亮的場面話吧？」然而，若你知道了前述的故事，就能了解「原來是這麼一回事！」並認同這家公司。也就是說，藉由一則情節具體的故事，中央計程車獲得消費者的充分理解。

案例㉗ 拒絕包車服務的「中央計程車」

將經營理念化為實際行動之後，一則則故事就會自動躍然紙上，這遠比純粹紙上談兵的高深理念更有說服力。

找故事不用往外跑，日常生活中撿就好

即使沒有像中央計程車那樣全公司動員的故事，員工和顧客之間發生的一點點小事，或許每天都在你的公司或店家中上演著。

然而，若沒有一個突顯那些故事的方法，通常這一切就只會停留在工作現場的店員和兼職員工的心中。既然都已經刻意表達了自己公司的理念、風氣與特徵，公司裡也確實有那些適合的故事，若社長和經營團隊渾然不知，就太可惜了。

有一家咖啡廳兼日式點心製造販售連鎖店，就向店員募集了許多和顧客之間的好故事。

隨後，公司每年都將故事集結成冊，和全體員工分享，還在其中選出「社長獎」，透過頒贈獎品，充分提高了員工提供故事的意願。

就像這家公司一般，當和顧客之間發生任何動人的情節時，不妨利用一些做法將故事化作語言，並和所有員工共享吧！

比方說，員工都能在共同平台上投稿撰寫：「今天發生了一件這樣的事喔！」

但工作場所並非全體員工都能使用電腦，因此也可以寫在紙上，投入專用的稿件箱。任何方式都是可行的，重要的是，讓工作現場發生的小故事得以呈現、加以彙整。

接下來，就將集結而成的好故事，向公司內外部宣傳出去吧！宣傳也有許多不同的方式，不管是定期匯集內容並製成小手冊，發行給公司內部和外部人士，或是利用電子報宣傳、在部落格上刊登，或是在公司早會上發表都可以。因為一段動人的情節，會使你公司或店家的故事變得更有說服力。

【名校觀點】史丹佛大學行銷學教授珍妮佛．埃克

社會心理學家暨史丹佛大學行銷學教授珍妮佛．埃克（Jennifer L. Aaker）提出，因為故事好記、有影響力並與個人息息相關，所以比起冷冰冰的數字更有意義。她還舉出大腦處理數據時，只需動用局部功能，但聽故事時，除了理解還會產生感情，因此整個大腦都處於活躍狀態，容易與故事以及說故事的人產生共鳴，並且完全被說服。

同樣出身史丹佛大學的行銷大師賽斯．高汀（Seth Godin），也在著作《行銷人是大騙子》中表示：「高明的行銷不是訴諸理性，而是訴諸感覺；不談產品特色或優點，而是告訴消費者一個他願意相信的故事，一個能滿足他欲望的想像。」

（※編輯部補充）

NOTE

結語
不要再「冤枉」產品，就從找好故事開始

前些日子，我參加了個有趣的體驗活動，是新潟市西區內野商店街的米鋪（飯塚商店）所舉辦的米飯品嚐評比活動，共有十人參加。

首先，他們將以下五個種類的稻米精製成白米。

1. 飯塚商店特選越光米[39]「收穫物語」
2. 當地特產越光米
3. 佐渡特產越光米

[39] 原產於日本的高級水稻品種之一，特性是黏性強、口感佳，其名稱「越光」來自原產地福井縣、新潟縣的古名「越州」，「越光」意謂著「越州之光」。

4. 南魚沼六日町特產越光米
5. 鄰近超市販售的越光米

接著，利用五台電子鍋同時煮飯。在米飯煮好前的這段時間，大家聆聽由飯塚商店的店長飯塚一智發表的「米之講座」。

「米是活生生的！」這句話尤其令我感到震撼。米是活生生的、一直都在呼吸的，因此不僅時時需要水分，保存時給予最妥適的溼度和溫度管理，更是關鍵。除此之外，我們還聽了各式各樣和米有關的專業知識。

聽著聽著，米飯都煮好了。大家把剛煮好的熱熱騰白飯從電子鍋裡盛出，再一同享用。店家在現場準備了多種白飯配料，例如鮭魚、梅干、醃漬物、鹽味昆布和鮭魚子等，供參加者選擇。

大家一開始都不知道這五種米飯各自的產地。經過逐一試吃評比後，所有參加者同時用手指向自己認為最美味的米飯，以確認彼此的答案。有趣的是，最受歡迎的竟是飯塚商店的「收穫物語」，而且僅有一人指向售價最高的那一款高級米。

後來，大家一面熱烈閒聊：「我還是比較喜歡這一種」、「沒想到超市的米也滿好吃的」，一面品嚐米飯。參加者以大學生為主，也有帶著孩子來參加的家庭主婦，他們感到愉快自是不在話下，店長飯塚一智看起來更是比誰都開心，這畫面實在令人印象深刻。

這是「我們的城市．熟悉店家和故事」的其中一項活動。由商店街的店長擔任講師，參加者在講座中獲悉各商家的專業知識及好康情報。

非營利組織「Hero's Farm」代表人暨「鶴橋書店」店長的西田卓司，是這個活動的主辦人，帶領城市中有「好想在內野商店街創造熟悉的店家喔！」想法的大學生，一同向九家店鋪的店長提出開設講座的邀請。

邀請的店家業種繁多，除了米鋪以外，美髮沙龍、味噌釀製所、咖啡廳、自行車行、咖啡販售店和海產加工食品販售店等，都名列其中。講座內容更是包羅萬象，美髮沙龍是「溫柔呵護頭皮的洗髮講座」，海產加工食品販售店是「如何煮製高湯講座」，自行車行則是「三十年都不會故障的單車保養講座」，每家店無不使出渾身解數，分享專業知識。

聽著商店街店長的講座，人們對那些從未踏入過的小店，究竟賣著些什麼商品，以及他們如何擁有傳承許久的技術，都能清楚瞭解；對於店長們費心而細膩的工作態度，更有了深刻的感受。於是，他們都聽見了那些商店的故事。

知道了故事，便喜歡上那家店，尊敬之情就油然而生，於是覺得「真想在這裡買東西啊」。一般而言，除了熟客之外，人們對坐落於商店街的個人商店，總是感覺難以親近，尤其大學生更是如此。瞭解店家的故事，更能有效消弭顧客和店家之間的隔閡。

如此撮合商店街和大學生，真是一樁美事。最重要的是，參加的學生看起來開心、負責教學的店長也樂於和年輕人分享，在在令人印象深刻。

主辦人西田卓司旗下的「鶴橋書店」也是一樣，儘管是一家書店，卻打破了書店的框架，販售著故事。店內不僅費心陳設了許多標語，像是「透過書籍，人與人緊緊相繫」、「發掘書和人之間的可能」等，在店外也擴大舉辦各類型活動。無論何時到訪，這家書店裡總有為數眾多的年輕人，似乎永遠都有新發現。

鶴橋書店可說是完全貫徹本書強調的「愛情故事策略」每一條守則，不僅和顧客營造了親密關係，也成為當地不可或缺的魅力書店。

我自己到新潟時，偶爾會突然拐個彎，造訪鶴橋書店，明明想著馬上就要離開，卻一個不小心就待上許久。在米鋪「飯塚商店」也一樣，我不過是順路過去，並未事先告知，店長西田先生卻對我說：「川上先生，您來得正好！要不要來試吃評比一下呀？」邀請我參加他們當天的活動。參加者都是初次見面的人，其中也有遠從高知縣[40]前來的大學生。

就像這樣，鶴橋書店每天都有些嶄新的故事應運而生。因此不僅是書店附近，擴及全國的人們都願意雲集至此。

此外，不僅止於自己的店家，包含周邊的商店街，整個區域的生意都活絡起來。這次活動或許也挖掘出潛藏在當地商店街裡的故事璞玉。從今而後，若能細心琢磨這些璞玉，當作有價值的故事加以宣傳，相信還會有更多人會來到這裡。

我曾在拜訪飯塚商店後的回家路上，去了一趟海產加工食品販售店「大口

[40] 位於日本四國島，距離新潟縣超過九百公里。

屋」，買了一些店家大力推薦的商品。回到家吃了佃煮和味噌漬魚，簡直驚為天人，好吃到下次去內野一定要再買的程度。

然而，就算販售的東西再怎麼好，若無法將商品價值簡單明瞭地傳遞給消費者，也不可能會有新顧客。不僅是商店，即使是法人企業也是同樣的道理，究竟有多少商家和公司面臨著如此遺憾的困境啊。

在本書中，我盡可能大量列舉許多全新銷售模式的線索，並加以撰寫，同時將過去寫過的故事銷售，在本書中集結呈現。在此，真心感謝每一個讓我舉例的公司和店家。

若本書能給各位的公司或店家帶來靈感，使故事順利誕生，那便是最令人雀躍的事。謝謝您願意將這本書讀完，真的非常感謝。

我們後會有期！

參考書籍與網站

- 《廣告行銷的21條法則》克勞德・霍普金斯（Claude C. Hopkins）著，伊東奈美子譯（翔泳社）
- 《為什麼會說故事的人，賺的比較多？——說故事的能力，決定你是否擁有百萬年薪》川上徹也（Cross-Media Publishing）
- 《若要用價格、品質和廣告一決勝負，花再多錢也沒用！》川上徹也（Cross-Media Publishing）
- 《第三空間——成為社群核心的「絕佳舒適空間」》雷・歐登伯格（Ray Oldenburg）著，忠平美幸譯（みすず書房）
- 《B級美食領域No.1：超級品牌戰略》王一郎（商業界）

- 《這一生，至少當一次傻瓜：木村阿公的奇蹟蘋果》石川拓治（幻冬舍）
- 《新潟在地偶像 Negicco 的成長史：你我的市場行銷教科書》川上徹也（祥傳社）
- 《那場演講，為何打動人心？》川上徹也（PHP 新書）
- 《規模雖小，卻廣受歡迎～魅力企業的祕密》川上徹也（あさ出版）
- 《創造旁人五倍業績的技術》茂木久美子（講談社 Plus α 新書）
- 《下次還想跟你買！新幹線魅力服務員瞬間抓住你的心》齋藤泉（德間書店）
- 《讓「讚」化為現金流的魔法行銷術》川上徹也（Forest 出版）
- 《深山裡的小小計程車行傳遞的幸福服務》宇都宮恒久（日本能率協會經營中心）
- 《理念和經營》（COSMO 教育出版）連載單元「規模雖小卻閃爍著光芒的公司」川上徹也，二〇一二年九月號——二〇一三年九月號
- 《文化通信》二〇一二年十月一日號〈書店的故事銷售術〉川上徹也
- 《Woman type》連載單元「讓家庭料理更美味！超級蔬菜生活」Vol. 3〈「蕪菁」真

可愛？女子聚會最時髦的拼盤菜「蜜桃蕪菁」〉小堀夏佳
●《日經 Business Online》〈大腦說「因為不景氣才降價」的謬誤，神經行銷學造成話題的新手法實力〉之二　中野目純一
●《Diamond Zai Online》連載單元「股票新聞新解釋」第九六回〈為何泰國人蜂擁前往北海道歌登？〉保田隆明
●《日經 Business Online》〈光靠網路是不可能會有瘋狂粉絲的：潛入卡夫特精釀啤酒（Craft Beer）的超人氣活動！〉森岡大地

以及其他資料，感謝各大企業網站、報章報導提供參考。

NOTE

NOTE

國家圖書館出版品預行編目(CIP)資料

為什麼超級業務員都想學故事銷售：5 大法則，讓你的商品 99% 都賣掉 /
川上徹也著；黃立萍譯. -- 三版. -- 新北市：大樂文化，2022.08
240面；14.8×21公分. --（優渥叢書UB：082）
譯自：物を売るバカ：売れない時代の新しい商品の売り方

ISBN 978-986-5564-92-6（平裝）
1. 行銷學　2. 說故事
496　　　　　　111003441

Business 082

為什麼超級業務員都想學故事銷售（珍藏版）

5 大法則，讓你的商品 99% 都賣掉

作　　者／川上徹也
譯　　者／黃立萍
封面設計／蕭壽佳
內頁排版／思　思
責任編輯／陳珮筑
主　　編／皮海屏
圖書企劃／王薇捷
發行專員／鄭羽希
財務經理／陳碧蘭
發行經理／高世權、呂和儒
總編輯、總經理／蔡連壽

出 版 者／大樂文化有限公司（優渥誌）
220 新北市板橋區文化路一段 268 號 18 樓之一
電話：(02) 2258-3656
傳真：(02) 2258-3660
詢問購書相關資訊請洽：2258-3656
郵政劃撥帳號／50211045　戶名／大樂文化有限公司

香港發行／豐達出版發行有限公司
地址：香港柴灣永泰道 70 號柴灣工業城 2 期 1805 室
電話：852-2172 6513　傳真：852-2172 4355

法律顧問／第一國際法律事務所余淑杏律師
印　　刷／韋懋實業有限公司

出版日期／2016 年 3 月 14 日 初版
2022 年 8 月 29 日 珍藏版
定　　價／280 元（缺頁或損毀的書，請寄回更換）
I S B N　978-986-5564-92-6

優渥叢書

優渥叢書